「新聞うずみ火」連続講演

熊取六人組
原発事故を斬る

熊取六人組
原発事故を斬る

「新聞うずみ火」連続講演

今中哲二
海老澤徹
川野眞治
小出裕章
小林圭二
瀬尾健

岩波書店

はじめに

本書は、「新聞うずみ火」が主催した連続講座「熊取六人組」の講演録を一冊にまとめたものです。

私たちは二〇〇五年一〇月から大阪を拠点に月刊のミニコミ紙「新聞うずみ火」を発行していますが、同時に、さまざまなテーマで市民向けの「うずみ火講座」を毎月一回、開いています。二〇一一年三月一一日の東日本大震災と東京電力福島第一原発の事故以降は、特に原発問題を考える時間が増えました。

現場に赴いて取材し記事にすることも大事なことですが、「3・11」の時代を生きていかねばならなくなった私たちに必要なのは、「まずは知ること」。特に、信頼のおける専門家による放射能や被曝についての正しい知識を一人でも多くの人たちと分かち合うことだと考えました。

大震災から四カ月後の七月には「いまさら聞けない原発の話」と題し、京都大学原子炉実験所の元助教授、海老澤徹さんに講演してもらったのを皮切りに、海老澤さんと同じ職場で原子力安全研究グループに所属し、「原発の安全性を問う」立場で研究し続けてきた「熊取六人組」に、折に触れ、講師に来ていただくようになりました。

そんなかで、「3・11」から三年目となる二〇一四年には夏から秋にかけて、海老澤さんをはじめ、小林圭二さん、川野眞治さん、小出裕章さん、今中哲二さんの五人を次々に講師に招いてたっぷり話していただく、集中連続講座を企画しました。私たちのように小さな市民メディアの主催で、「熊取六人組」全員が講師を務めてくれた講座は、過去にも例がありません。

「異端の研究者」と見られ、学会でも長く冷や飯を食わされ、研究費や昇進でも明らかな差別を受けてきたのに、それでも信念を曲げることがなかった「熊取六人組」。その一人ひとりの生き様に触れることができたことも大きな感動の連続でした。

「熊取六人組」の一人である瀬尾健さんは一九九四年、病気で亡くなりました。集中講座では、瀬尾さんの思い出をそれぞれに語っていただきました。そして今回、瀬尾さんの遺作である『原発事故……その時、あなたは！』(風媒社、一九九五年)の「はじめに」と「おわりに」を転載するとともに、瀬尾さんについての書き下ろしの一文を、小出さんに寄せてもらいました。

「うずみ火」とは、灰に埋もれた炭火のこと。灰の中に埋めた炭火は消えることなく、翌朝、新たな火種となるのです。私たちの恩師である黒田清さん(一九三一～二〇〇〇)が生前、目指した社会は「戦争の対極にある、誰もが生まれてきてよかったと思える真の人権社会」。その遺志を受け継ぎ、消すことなく、真の人権社会を次の世代に手渡したいという思いを名前に込めました。

原発を地方に押し付け、地域を分断し、事故が起きても被害者は置き去りのまま。今も一〇万人近い人たちが避難生活を強いられているにもかかわらず、安倍政権は原発の再稼働をやめようとしません。その執着には、核兵器の影が見え隠れします。戦争と差別――。私たち「うずみ火」がテーマとするその二つは、この原発の問題と重なっています。

七〇年あまり続いた「戦後」を「戦前」へ戻さないためにも、安全な暮らしを守り続けるためにも、そして、原発を止めるためにも、「熊取六人組」のメッセージに心を寄せていただければ幸いです。講演から二年が過ぎていますが、その内容はまったく古びていません。必要に応じて、五人の講演者に改訂をお願いしました。

どんな社会を次の世代に手渡すか、私たちの責任が問われています。

「新聞うずみ火」代表　矢野　宏

目次

編集＝高橋　宏

最近の原子力政策をめぐって

小林圭二

集団的自衛権の閣議決定に怒り

小林圭二

私は二〇一三年二月から一年半近く、いろいろな活動から身を引いていました。がんにかかったからです。それもすい臓がんでした。見つかってから五年後の生存率が、わずか五パーセントというのがすい臓がんなのです。

なぜ、そんなに致死率が高いかと言いますと、早期発見が難しいからです。私自身も自覚症状がなく、まったく気がつきませんでした。もし、私の前に優れた観察眼の持ち主である医師が登場しなければ、今ごろどうなっていたかはわかりません。

以前から、私はパーキンソン病にかかっており、定期的に脳神経内科に通っていました。担当の医師が診察以外に「たまには血液検査をやってみましょうか」と言ってくれ、検査の結果、がんのマーカーが正常値のギリギリというデータが出たのです。「念のために、より精密な検査をしてみてはどうか」という、その一言が出発点でした。専門外の医師によって消化器のがんが指摘されたことが発端となったわけです。

精密検査の結果は悪性の腫瘍だったため、切除を希望して手術に踏み切ったのですが、八時間ぐらいかかり、けっこう大変でした。おかげ様で九死に一生を得て、今日の講演に伺うことができたというわけです。

私が身を引いていた一年半の間、原発もさることながら一番痛感するのは、世の中がけしからん方向に行っているということです。新聞を読むたびに頭にきておりました。特に第二次安倍内閣になり、集団的自衛権の行使容認が閣議決定されたことに対しては心底、怒っています。

安倍首相のこのような姿勢は今回に限ったことではありません。二〇〇七年に誕生した第一次安倍内閣のときから始まっていたわけです。このときも自民党が三〇〇近い議席を占めていました。数に物を言わせて強行採決するなど、まさにやりたい放題でした。

強行採決というのは、あの一族の伝統手法なのでしょう。かつて六〇年安保のとき、安倍首相の祖父である岸信介が日米安保条約の改定の国会承認を強行採決したことで、大きな反対運動が全国に巻き起こりました。孫もそれを見習うかのように、二〇〇七年には「教育基本法」の改悪、さらには憲法改悪のための「国民投票法」を成立させる際、非常に短期間の審議の末に数の力を頼んで強行採決を行ったのです。政権を投げ出したと思ったら、二〇一二年一二月に第二次内閣として戻ってきた。しかも、今度はもっとひどい。

集団的自衛権の問題でも憲法の解釈を変えて行使容認しましたが、憲法を作るのも変えるのも基本的には民衆です。民衆が変えたいときには決められた手続きを取って変える。あくまでも民衆がやることで、権力者が勝手にやってはいけません。憲法とはそういうものなのです。

閣議決定した集団的自衛権を行使できるようにするため、これから法律で固めていくのでしょうが（安全保障関連法が、二〇一五年九月の通常国会で強行採決され成立。二〇一六年三月施行された）、解釈を変えてこれを使えるようにするというのは憲法九条の形骸化につながります。とんでもないことです。

かつての自民党には幅広い意見がありました。大雑把に言いますと、戦前の国家体制を信奉するタカ派と、経済至上主義者とハト派がいました。ハト派が一定の力を持っており、右が強くなると抑える役割を果たしてきたのです。

ところが、二〇〇七年に誕生した安倍政権が改憲に前のめりになったとき、ハト派は反対しましたが、勢力が弱い。加藤紘一氏が総合雑誌に九条改憲に反対する論文を寄せたら、二〇〇六年八月に山形県の実家が放火され全焼しました。また、二〇〇二年一〇月には国会で議員や官僚の腐敗を徹底追及していた民主党の石井紘基代議士が右翼に刺されて死亡しました。白昼テロです。そんな影響があったのか、ハト派議員が引退して発言力がなくなったのか、第二次安倍内閣になると、まさにやりたい放題です。

かつての自民党ハト派の役割を公明党が担っていると言われますが、何とも腰砕けの状態です。

こうした右傾化の流れに対し、私は学生時代に感じたような危険性を感じています。六〇年安保が終わったあとも、右翼のテロが吹き荒れました。社会党の浅沼稲次郎委員長が日比谷公会堂の壇上で演説しているさなか、右翼の青年に刺し殺されました。雑誌『中央公論』に掲載された小説が気に食わないと、右翼によって社長宅が襲われ、お手伝いさんが殺されるという事件もありました。

あの時代と同じように、日本は非常に危ない方向に進んでいると感じています。私自身、思うように動けないのでイライラしているわけです。

福島第一原発はどうなっているのか

さて、二〇一三年九月、安倍首相は東京オリンピック招致のスピーチで、東京電力福島第一原発事故を懸念する声に対し、「アンダーコントロール（管理下に置いている）」と言いました。ところが、今もって非常に不安定で、何が起こるかわからないのです。

原子炉とその周辺は、依然として放射能レベルが高すぎて近づけず、現状の調査もできないため、廃炉の計画さえも立てられないのです。

その原子炉を冷やし続けないと、放射性物質が出す崩壊熱によって燃料溶融が起こるため、注水冷却を続けています。セシウム１３７など、放射性物質を取り除いた水を原子炉冷却に再循環させる「循環注水冷却システム」は、たびたびトラブルで停止しており、六二種類の放射性物質を除去しながら循環させると、鳴り物入りで導入された「多核種除去装置」（ＡＬＰＳ）は三基とも停止するなど、定常運転のめども立っていません。

そして何よりも、放射能で高濃度に汚染された水が一日に四〇〇トンずつ増えており、これが止められない。

許容濃度の八〇〇万倍のストロンチウム90などを含む汚染水が海へ垂れ流され、「三、四年後には、高濃度の汚染水がアメリカの西海岸に到達するだろう」と予言する海洋学者もいます。このような状況ですから、とてもコントロールできているとは言えないのです。

なぜ、こんなに汚染水が出るのかというと、福島第一原発の敷地の下には地下水が流れているからです。表面には見えませんが、地下に川が流れているようなものです。この水が原発の敷地の下を通るとき、事故で溶けた核燃料に触れながら流れていく。そのため、高いレベルで汚染されてしまうのです。

しかも、高濃度の汚染水は建屋の外にも漏れており、流れてきた地下水と触れて混ざり合った高レベルの汚染水が一日四〇〇トンずつ増えている状況なのです。

こうなることは、昔からわかっていたことですが、国も東電も手を打たずに来たのです。とうとうここに来て重い腰を上げて始めたのが、地下水の流入を防ぐために「凍土遮水壁」を作る計画です。

事故を起こした福島原発の一号機から四号機の周囲一・五キロを深さ三〇メートルの凍土で囲み、この障壁によって外から流入する地下水が原子炉側の汚染水と混ざるのを防ぐというもので、建設費は四〇〇億円と言われています。

具体的に言うと、直径一二センチのパイプを一メートル間隔で埋め、そのパイプにマイナス三〇度の液体を循環させ、パイプと接している土を凍らせることによって水を止めるというのですが、それだけの囲いで本当に汚染水と混ざり合わないのかどうか。しかも、土を凍らせて壁を作ることができるのかどうかもわかりません。世界的にも経験が乏しく、効果は未知数なのです。

凍土壁を作るには、作業員が現地に立ち入らなければなりません。ところが、トレンチ(配管などが通る地下トンネル)の中には、漏れた高濃度の放射性物質の液体が一万数千トンも溜まっています。それを取り除かないと、線量が高くて労働者が被曝してしまいます。

まず、トレンチの中の高レベルの汚染水を汲み出そうとしたわけですが、内と外とを遮るものがないのですから、汲み出したところで、また内側から流れて出てくる。そのため、トレンチとタービン建屋との接合部の土壌を凍らせ、内側から外側へ流れ出てくる高レベルの汚染水の流れを止めようとしたのですが、これがいくらやっても凍らない。

新聞記事によると、原子力規制委員会は焦っており、「何でもいいから放り込め」と、ドライアイスや氷まで投じていますが、うまくいっていません(二〇一六年八月、原子力規制委員会は「凍土壁は効果が見られない」と指摘)。

たとえ凍土壁ができたとしても、もし停電、地盤沈下、地震、津波などが起こり、マイナス三〇度の液体の流れが止まってしまうと、凍らせた壁が溶け、高レベルの汚染水の溜まりがあちこちにできかねません。

結局、すべてが後追いで、その場しのぎの対策なのです。凍土壁をきちんと作ろうと思ったら、金額が二桁足りません。「兆」のレベルの投資をしないと難しい。これは取りも直さず、東電という一企業でやるのは無理で、税金を大量に投入しなければなりません。それでもうまくいくかどうかわかりませんが、少なくともそれぐらい先を読んできちんとやらないとできません。

汚染水を減らす方法は、凍土壁だけではありません。「地下水バイパス」といって、地下水の流れを人工的に変える方法も検討されています。つまり、井戸を敷地の山側にたくさん掘って、汚染する前の地下水を汲んで直接に流すというやり方です。ところが、今、彼らが掘っている井戸は敷地に近すぎて、放射性物質を含んだ水が出てしまっています。そんなところを掘ってもダメなのです。もっと上流の高台を掘らなくてはならず、費用は猛烈にかかります。たくさんの井戸を掘らないといけませんし、川のように流れている水を汲んで外へ流すというわけですから大変です。このような見込み違いが起きている、これが現状なのです。

原発再稼働急ぐ推進派

ところが、こういう状況にもかかわらず、国はとにかく原発を早く再稼働させたいと、安倍内閣になってから急ごうとしているわけです。どういうことをやっているのか。

原発の再稼働を審査するのは原子力規制委員会で、鹿児島県薩摩川内市にある九州電力の川内原発一、二号機の審査を終了させました(二〇一五年八月と九月にそれぞれ再稼動)。再稼働に向けての「お墨付き」を与えたわけですが、問題だらけです。

火山噴火による火砕流に関して、原子力規制委員会の田中俊一委員長は「原発の寿命の間には、火山の噴火は起きないから問題ない」という結論を押し通しているわけです。

南九州は有数の火山地帯であり、川内原発の敷地内から昔の火砕流の痕跡が出ています。ですから、川内原発が大規模な噴火による火砕流に襲われる可能性があることは歴史的にもわかっているのですが、火砕流の対策をせずに「心配ない」ということで通しました。

私はこの記事を読んで、「第二の津波問題」ではないかと感じました。

福島第一原発事故が起こる前までは、「大きな津波はめったに来ない」と、真剣に取り組んでこなかった。それと同じことが火山の噴火に関して繰り返されようとしています。私は同じ構造だと思っています。

さて、非常に重要な問題があります。原発の再稼働にお墨付きを与える原子力規制委員会に対しても、財界や自民党は、「再稼働に向けての審査が遅い」とイラついています。これに対して安倍内閣がどのようなことを行っているかというと、大幅な人事のテコ入れです。

その一つが原子力規制委員会の委員の交代人事です。任期切れに伴い二人の委員が変わりました。そのうちの一人が委員長代理だった島﨑邦彦さん。地震の活断層の面で厳しい姿勢を取ってきた人ですが、再任されませんでした。

新たに委員となったのが東京大学の田中知教授です。この人は日本原子力学会の前学会長で、「原子力ムラ」のボス中のボスです。原子力学会は原発推進の中心的役割を果たしています。その田中氏が原子力規制委員会に入ったことで、流れは推進へと変わっていくでしょう。

このような人事は、民主党政権では考えられなかったことです。原子力規制委員会設置法では、原子力事業者が、委員長や委員に就任することを禁じています。民主党政権は、直近の三年間に原子力事業者の役員を務めた人も就任させないという制約を設けていましたが、このルールを自民党は全部破棄しました。それゆえ、田中氏が原子力規制委員会に入ることができたのです。委員は国会の承認人事ですが、全野党が反対したにもかかわらず、与党の賛成多数で承認されてしまいました。

原子力発電環境整備機構(ＮＵＭＯ)という組織があります。原発により発生する使用済み燃料をリサイクルする過程で出る高レベル放射性廃棄物などの最終処分事業を行う公的機関です。

今まで最終処分場の建設地も決まっていません。当然ですよね、こんなものが近くに出来ることを、周辺の住民がみんな嫌がって反対してきたわけです。最終処分場の決定が進まないものですから、任期がまだ二年あるのに理事長を更迭して、二〇一四年七月に新理事長に就任したのが内閣府原子力委員会の委員長を務めた近藤駿介・東大名誉教授です。こうして人事面からテコ入れする形で、強烈な推進の体制づくりを進めているのが現状なのです。

原発推進派は、宣伝力とか権威を使って何をやろうとしているのか。推進のための一番の道具としてやっていることは、安全神話作りです。

「想定を超える事故は起こらない」「地震や津波は起こらない」として作ってきた安全神話は、福島第一原発事故ですべて吹っ飛びました。ですから、安全神話を再び構築しようにもなかなか難しい。で、どういうことを言い出したか。

原子力規制委員会が原発再稼働のための安全審査の新基準を作ったわけですが、「津波も、地震も、審査基準を大きく引き上げたので、世界一厳しい基準だ」と言い出したわけです。世界一というのは神話を作る言葉で、一番手っ取り早いですから。

安倍首相も二〇一四年二月の施政方針演説の中で、「原子力規制員会の新基準は世界一厳しい基準だ。それにパスした原発は世界一安全だ」と言っています。

これは、まさに新たな安全神話の創出です。こういう言葉のマジックそのものに意味を持たせるため、専門家や政財界の権力者がこのフレーズを使うことで神話になるわけです。

当初は、「想定を超える津波は来ないだろう」と単なる強がりで言ったのかもしれませんが、安全神話はいったん出来てしまうと、破られたときの対策を考えなくなる。安全神話は、できたときから人々を思考停止にさせます。

それは専門家も例外ではありません。科学者でも原発が安全だと言っているうちに、自分自身でもそれが本当のような気になってくるのです。だから、学会全体がそのような表現で満ちてきます。やがて、学会全体が安全神話作りの大組織になっていくわけです。

外から見たら客観的な科学者の集団と見えるかもしれませんが、決してそうではない。先頭に立って原発を推進する団体なのです。

過酷事故では加圧水型の方が危ない

日本にある軽水炉型原発のうち、今回の福島第一原発事故は沸騰水型の原発で起きました。燃料が冷やせなくなって溶けていった。溶けている時の温度は二八〇〇度ですから鉄などは瞬く間に溶けてしまう。コンクリートもどんどんすり抜けていき、事故が拡大していった。これをメルトスルーとか、メルトダウンとか言い、今回の事故の象徴的な言葉となりましたが、実はメルトダウンに至る過酷事故については、福島第一原発のような沸騰水型よりも加圧水型の方が起こしやすく、メルトダウンも早く起こるため、潜在的危険性が大きいのです。川内原発をはじめ、関西電力の原発もすべて加圧水型です。

原子炉の中には燃料がありますから、絶えず水を流して冷やさないと溶けてしまって大事故になります。格納容器は、原子炉から放射性物質が漏れた場合に、外に出さずに閉じ込めるためのものです。沸騰水型の特徴は、原子炉の中で直接水を沸騰させて蒸気を作り、それでタービンを回して電気を起こすわけですが、この構造はヤカンと同じですね。

加圧水型の場合は、原子炉の中で水を沸騰させません。液体の状態で保っているのが原則です。加圧器という容器は上と下にわかれていて、上が水蒸気、下が液体の水です。これで原子炉全体の圧力を調整することによって、原子炉を冷やすための水が十分あるかどうか計っているわけです。

もし、圧力が高くなり過ぎたら、水蒸気をスプレーします。そうすれば水になって圧力が減ります。逆にヒーターに電気を入れますと、水蒸気が増えて圧力が高くなる。こうして制御しているわけです。

この炉で、もしも冷却剤が少なくなって炉心の冷却が不十分になりますと、温度が上がり、やがて融点を超えて溶けていきます。そうすると、二八〇〇度のところにある水はバーっと沸騰します。全体が水で埋まっているわけですから、沸騰して発生した水蒸気は体積が大きくなりますから、上の水を押し上げるわけです。

押し上げるとどうなるのか。この加圧水型の水を持ち上げる運転員は、どういう情報をキャッチするかというと、「原子炉の中に水があり過ぎるから、抜かないと水圧が高くなり過ぎて原子炉圧力容器が持たなくなるかもしれない」と思ってしまいます。

実際には水が足りないので、水を抜くと、温度が上がり過ぎるということは、外からはわかりません。閉ざされた「ループ」という特徴のために、事故時には中が沸騰している状況がわからないシステムなのです。

一九七九年に事故を起こしたアメリカのスリーマイル島原発も加圧水型でした。福島第一原発と違って、あらゆる電源が正常だったにもかかわらず、メルトダウンが起こりました。ただ、幸いなことに圧力容器は溶けなかったので、メルトスルーまでいかなかったのです。こういう危険性は、沸騰水型ではありません。水蒸気が逃げていくから、加圧水型の方が起こりやすいのです。

圧力容器内の冷却水の圧力は、沸騰水型で七〇気圧ぐらいですが、加圧水型では一五〇気圧ぐらいと高圧です。

もし、配管が破れたりすると、中の圧力が高ければ高いほど、水の漏れ出る速度は早く、同時に水がなくなるのも早くなります。スリーマイル島原発事故の場合、異常が起こってからメルトダウンに至るまで一時間か、一時間半でした。福島原発事故の場合は、計算方法によってバラつきはありますが、保安院が計算したところでは事故発生から五時間でメルトダウンが始まったと言われています。東電による計算では一六時間ですが、いずれにしても加圧水型の方がメルトダウンに至る時間は早く、この点では沸騰水型よりもより危ないと言えると思います。

それにもかかわらず、再稼働に向けて、国は加圧水型を優先して審査させようとしています。しかも、重大事故が起きたときの安全対策ができていなくても、加圧水型は優先されています。

例えば、安全審査基準では、ベントをつけるよう決められています。ベントとは、原子炉格納容器の中の圧力が高くなって、冷却用の注水ができなくなったり格納容器が破損したりするのを避けるため、放射性物質を含む気体の一部を外部に排出させて圧力を下げる緊急装置です。

ベントを設置してなくても、「いずれつける」と言えば再稼働の審査をパスすることになっています。そういうデタラメがまかり通ろうとしているのが今の状況でして、福島の事故から教訓を学ぶならば、加圧水型こそ危ないということを覚えていただければと思います。

原発再稼働の弱点

原発事故が起きた場合の避難計画では、原発から八キロから一〇キロの住民が対象でした。今回の福島原発事故では、最大五〇キロ離れた住民にも避難が求められました。いかに従来の計画が過小評計画はできているのか。

価であったか。事故後、原発三〇キロに拡大されました。では、新たに拡大された周辺自治体で避難計画はできているのか。

全国にある原発から三〇キロ圏内の二一道府県一三五市町村に住民避難計画策定が義務付けられました。そのうち、避難計画を策定しているのは半分程度の七一自治体です(二〇一三年末)。残りの自治体はまだできていないのです。

特に、介護保険施設の七割、病院の七・五割が避難先未定で、計画から社会的弱者が置き去りにされている実態が浮かび上がっています。にもかかわらず、原発の再稼働が次々と認められています。避難計画もないのに再稼働が許されるなんてとんでもない話です。

また、策定済みの避難計画の中には、事故を起こしたと想定される原発に向かって避難しなくてはならないなど、交通や地形などを無視した極めて非現実的な計画もあり、それらが堂々とまかり通っていて、机上の空論となっているのが実態なのです。

避難計画に対して、国は「これはあくまでも自治体がやることだ」としており、原子力規制委員会も「避難計画は検討の対象外だ」という姿勢なのです。

原発が直接立地している自治体と三〇キロ圏内に拡大された周辺自治体との待遇の格差も放置されたままです。

原発立地自治体は交付金収入を得られる上、電力会社との間で結ぶ安全協定によって新規増設承認、立ち入り調査権など強い発言力を持っています。一方、周辺自治体は、福島第一原発事故の経験で明らかなように、大事故が起これば立地自治体と同じような被害を受ける可能性があり、避難計画の策定も義務付けられながら、現段階では危険と新たな負担に対する補償もなく、電力会社に対してものを言う場もありません。明らかな不公平状態にあるのです。

再稼働にはまだまだ大きな問題が積み残されています。それを無視して進めることは許されません。非常に危ないと強く思います。

今後の運動として、避難問題は、再稼働を急ぐ推進派の最大の弱点です。ここを徹底的にせめるべきでしょう。

また、危険と負担義務のみ負わされることになった三〇キロ圏内の周辺自治体の不満は鬱積しています。このような自治体と協力して再稼働反対、原発廃止の地域運動を進めていってほしいと思います。

【質疑応答】

――日本と違って欧米諸国は高速増殖炉計画から次々に撤退しているのはなぜですか。

世界はどうしてやめるのか。その理由は三つあります。

一つは、危険性が大きいということです。

「もんじゅ」など高速増殖炉の特徴として、原子炉がメルトダウンすると暴走してしまいます。最悪のシナリオの一つとして核爆発を起こすと、猛毒のプルトニウムで汚染されてしまうのです。そうなると、被害は福島第一原発事故の比ではありません。

それに、冷却材にナトリウムを使用していることも危険性を高めています。福島原発事故のように、地震のあとに津波が襲った場合、海水と漏れ出したナトリウムが反応すれば事態はさらに悪化します。

二つ目は、経済的に成り立たないこと。

天然ウランの中には核分裂反応を起こして燃える「ウラン235」はわずかしか含まれておらず、エネルギー資源としては限りがあるのです。燃えない「ウラン238」を「プルトニウム239」という燃料に変えることで資源を増やそうというのが高速増殖炉の考え方なのです。

世界が原子力発電に着手した際、現在の主力である軽水炉ではなく、高速増殖炉がスタートだったのです。商業炉として想定してきたわけですが、「もんじゅ」ではすでに明らかになっているだけで一兆三三〇〇億円という莫大な国費が投じられており、とても発電では採算が取れるものではないのです。

三つ目は、核兵器の開発につながることです。

「もんじゅ」の炉心から取り出されたブランケットはプルトニウム239が九八パーセントも含まれています。通常の核兵器の純度が九三パーセントですから、九八パーセントなら「超核兵器級の材料」が極めて簡単に作れるのです。純度が高ければ再処理もしやすい上、核兵器の小型化にもつながると言われています。

例えば、イランの核開発疑惑があれば、欧米諸国は開発を断念させようとするわけですが、欧米が高速増殖炉を持っていたとしたら、これはイランにとって不信感を招く材料となるわけですね。

このように、やめた理由のウエイトはそれぞれあったわけです。一九八三年のアメリカ議会で高速増殖炉の予算が否決されましたが、その時の理由が経済性です。危険性も大きな議論になりました。

では、日本の場合はなぜ、やめないのか。

日本の原子力政策はめちゃくちゃです。もともと、高速増殖炉を、日本の将来の発電源の中心に据えるという考え方でした。燃料にするプルトニウムを使用済み核燃料から取り出し、高速増殖炉で使用する。高レベル廃棄物の中から再びプルトニウムを取り出し、残った「死の灰」を分離し、ガラス固化体に固めて地中深く埋めて処分するというのが国策でした。そのために、青森県六ヶ所村に再処理工場が必要となったわけです。

ところが、高速増殖炉「もんじゅ」はナトリウム漏れ事故(一九九五年)や装置落下事故(二〇一〇年)などのトラブルもあって、いまだ本格的に動いていません。

いらないからやめようとすると、これでお金をもらっていた青森県などが「そんなことをすれば使用済み燃料の受け入れを拒否する」と言っているわけです。

高速増殖炉を残しておかなければ、高レベルの放射性廃棄物の受け入れ先がなくなるという泥沼の中でもがいているのです。

これは日本の政治の悪いところですが、解決できないことは放置するという流れになっています。責任放棄ですね。

一方で、核兵器のオプションを持っておけば有利と考えているのは間違いないでしょう。

――亡くなられた瀬尾さんの思い出を聞かせてください。

瀬尾さんとは同じ大学で、私が一年先輩でした。大学の正門をバリケードで封鎖したりしたため、私は一年卒業が延び、瀬尾さんと一緒に京大原子炉実験所に入りました。

瀬尾さんは一度やると決めたら粘り強く、追求するタイプです。いろんな意味で器用でしたね。実験装置を自分で作るし。同級生になってから、彼は才能豊かな人間だと評価が高かったと記憶しています。

――私たちがすぐにやるべきことは何でしょうか。

放射性廃棄物をこれ以上増やさないということだと思います。そのためにも、原発の再稼働を許してはいけないし、新しく造らせてもいけない。

消費量に応じて廃棄物処理のために負担してもらうとか、電気を使った人全体の問題ととらえて、誰もが納得できる方法を探さないといけないでしょうね。放射性廃棄物は、人が手を加えれば加えるほど、関連廃棄物が増えていく。そこまでのトータルな問題として考えないといけないと思います。

(二〇一四年八月二日)

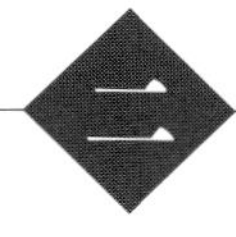

二 アカデミズムの社会的責任を考えながら

川野眞治

アカデミズム総崩れ

私は学部、大学院を通じて固体化学を学んできたので、本格的に原子炉のことを学んできたわけではありません。私自身は原子力の専門家ではないと思っているのです。一九六九年四月、京大原子炉実験所に助手として採用され、原子炉の維持、管理、運転に携わってきました。実験所の研究炉は五〇〇〇キロワットの熱出力で、一〇〇万キロワットの原発(熱出力では三〇〇万キロワットになる)とは目的、運転、管理などの工学的条件(圧力、温度、運転時間など)が全く違いますが、核分裂反応を利用している点は変わりません。実際に携わったという意味での原子炉は知っています。それから私もその一人ですが、いわゆる「熊取六人組」の仲間と原子力について一緒に勉強しながら、原子力をそのまま受け入れるのではなく、原子力とはどういうものなのか、社会的な関わりはどうかということをずっと考えてきました。

七〇年代に入って、四国電力が愛媛県伊方町に原発建設を目論み、地域社会に様々な混乱が生じました。その中で、地元の人たちから「訴訟を起こすので技術的なサポートをしてほしい」という依頼があり、一緒に闘っていくうちに多くのことを学んできました。その結果、原子力がどんなものか、だんだんとわかってきたというのが正直なところです。

今回、このタイトルでお話させていただくのですが、では市民とは何か。市民とはどういう人たちのことをいうのかを考えてみると、物事に何か疑問を持ったときに、誰かが言っているからといってその見解に流されるのではなく、自分で関係を調べ、自立して判断していく人たちのことをいうのではないでしょうか。一方で、アカデミズムとは何か。今は聞かれなくなりましたが「象牙の塔」という言葉があったように、研究者が研究熱心なあまり、世の中から孤立して何かやっているというイメージがありました。ただ、アカデミズムは昔と今ではまったく違います。現在は、産業化された社会の中に取り込まれ、研究者自身の意識とは無関係に研究の成果は企業活動と結びついています。したがって、お金が絡んできます。アカデミズムが変化していく中で、大学や研究所などで仕事をしている人たちの気持ちとか、志向性も変わってきています。特に、二〇一一年三月一一日以前と以降では、科学・アカデミズムに対する社会の受け止め方が大きく変化しているのではないでしょうか。

東日本大震災と引き続く津波により、東北地方は壊滅的な被害を受けました。なかでも東京電力福島第一原発は、運転中の三機がすべて電源喪失して炉心冷却不能となり、炉心メルトスルー、水素爆発を起こし、大量の放射性物質が外部環境へ放出されました。要するに、放射能がそこら中にばら撒かれたわけです。「過酷事故」と言われるものですが、日本の原発推進派（アカデミズム主流）は、こういうことは絶対に起こらないと言っていました。彼らにとっては「想定外の事故」だったというわけです。「事故が起こらないように設計しているし、起こりそうなら防げるように手を打っている」と言ってきたのが、まったく役に立ちませんでした。「日本の地震に対して対処できる」といってきた学会や、「耐震設計をしているから大丈夫」と言ってきた土木設計のほか、それまでいろいろ主張してきたことが、全部ダメになりました。アカデミズムが総崩れだったのです。

地震と津波、原発事故と、防災のあり方も問われました。助けに行こうにも行けない、避難しようにも避難できない。社会的弱者に対する手当て、インフラがまったく役立たなかった。そういう計画で対処できるとした官僚、それを助言してきたアカデミズムへの信頼性が失われたのです。

伊方原発訴訟

私は二〇〇五年、京大原子炉実験所を退職しました。もう一〇年になります。私が大学に入ったのは一九六〇年で、安保闘争の時でした。安保のあと、高度経済成長の時代になり、全国で公害問題が顕在化します。公害問題に対してもアカデミズムの反応は政府や大企業寄りで、水俣病でも「農薬のせいだ」と主張する学者もいました。

私が助手として京大原子炉実験所に入った一九六九年前後は、学生の自発的組織である「全学共闘会議」(全共闘)などの学生が東京大学の安田講堂を占拠した「東大安田講堂事件」から全国的な大学紛争が起き、大学のあり方、学問と社会との関わりが問われた時代でした。やがて、石油ショックがあって「国産」エネルギー源として原発が建設されていきます。

京大原子炉実験所はもともと、京都大学と大阪大学が共同で建設するという話でした。どこに立地するかが問題となりましたが、最終的には熊取町になったのです。私が採用されたとき、周囲は山でした。しばらくすると、切り開かれて宅地となっていったのです。JRの快速も止まり大阪のベッドタウンとなり、近くには関西国際空港も開港しています。実験所の原子炉は熱出力五〇〇〇キロワットで、今の原発は電気出力一〇〇万キロワット(熱出力三〇〇万キロワット)以上が主流ですから、出力で比べると六〇〇分の一以下です。

私の専門は物理です。例えば、塩はナトリウムイオンと塩素イオンが化学的に結合して結晶を作っています。物質のミクロな構造がどうなっているのか、原子がどういう形で並んでいるのか、原子炉から出てくる中性子を結晶に当て、そこから反射して出てくる中性子がどう散乱するか調べるのです。私が入ったとき、小林さんや海老澤さん、瀬尾さんはすでに活躍していました。七〇年代に入って小出さん、今中さんが加わり、「原子力安全研究グループ」という名称で原子力の勉強会を続けていました。八〇年代の初めに所外の専門家や市民グループにも拡大して「原子力安全問題ゼミ」を発足させました。そのような活動の中で、原子力の社会的なあり方などを学びました。

さらに、原発について勉強する機会を得ました。四国電力の伊方原発訴訟です。四国電力が愛媛県伊方町に原発を作ることになり、一九七二年一一月に設置許可が出ます。地元の人たちは「これはおかしい」と反発します。というのも、電力会社が原発を作ろうとすると、まず土地を確保します。圧力をかけたり、地縁血縁を切り崩していったりという手段が取られ、自殺者も出たほどでした。こういう理不尽なやり方に対して、地元の人たちが異議申し立てを起こしました。「原発を建ててもいいという許可を取り消してくれ」という訴えでした。しかし、住民側による異議申し立ては棄却されたので七三年八月に原子炉設置許可の取り消しを求めて松山地裁に提訴したのです。住民から「技術的なサポートをしてほしい」と言われ、大阪大学の久米三四郎さん(故人)らと裁判を一緒に闘う中で、原発を作るとはどういうことかを学びました。

この裁判は、一九九二年に最高裁で住民側の上告が棄却され、敗訴するのですが、この二〇年の間に何が起きたのか。一九七九年にアメリカのスリーマイル島原発事故が起こり、炉心が溶融しました。

一九八六年には旧ソ連のチェルノブイリ原発事故が発生します。だが、その都度、訴訟の中で国側は「アメリカだから起きた」とか、「ソ連だから起きた」と言ってきたのです。「高度な技術を持つ日本ではあり得ない」という主張です。

裁判では、被告の国側は東大出身の学者を中心にした証人をそろえ、受けて立つという態度でした。ところが、証人尋問が進むうちに、住民側から「これは何か」と聞かれても答えられないことが数多く出てくるわけです。ヨウ素やトリチウムの半減期を聞いても答えられないほど、現場のことを知らない。住民側によって、国側の証人が次々に論破され、旗色が悪くなると、突然、「原告適格がない」と言い始めました。科学論争に敗れた国側が、法律論争そのものを成り立たせなくするのが目的でした。

裁判の中で、当時、原発の許認可権を持っていた原子力委員会が、伊方原発を認める際に行った安全審査がいかにいい加減だったか、ということも明らかになりました。すでに運転していた関西電力の美浜原発一号機と同じ型であるから、これと異なる事情がない限り、許可すべきという予断があったのです。まさに「右へ倣え」で原発を推進していたわけです。安全審査を話し合うための部会も一人で開いていたり、議事録もない場合もあったりするなど、あまりにも杜撰でした。当時の四国電力の社長も「安全審査の方法が安全審査そのものになっていない」と批判したほどでした。また、国側の証人である東大教授が、法廷で「一次冷却が喪失する事故が起きた場合、炉心は溶融しないが、すべての炉心が溶融したのに相当する放射能が格納容器中に放出されるが、格納容器は健全に保たれ、外部にはほとんど放射能は出ない」と述べ、「炉心溶融は起こらない」と主張しました。ところが、それ以前に自身が書いた教科書の中に「炉心溶融→格納容器気密破壊→莫大な放射能の環境放出が避けられない」と記されていたのです。住民側から、炉心溶融の記述があることを指摘されると、その東大教授は証言台でしどろもどろになりながら、「自分の教科書は間違っている」と証言したのです。

裁判長も、国側証人の証言をおかしいと思いながら聞いている。旗色が悪くなった国側がどんな手段に出たかというと、一審の判決前に裁判長を交代させたのです。次の裁判長は一度も法廷に姿を見せませんでした。体調不良ということで、さらに別の裁判長に交代し、三人目の裁判長が判決を下しました。この裁判長は、実際の科学論争の審理にはまったく立ち会わず、判決文を書いたのです。しかも、裁判の中で国側が「炉心溶融は起きないのだから、炉心溶融に至ることまで想定していない」と証言していたにもかかわらず、裁判長は、「安全審査では、炉心溶融に至ることまでの想定はしている」と判決文に書いた。そんな茶番のような松山地裁判決でした。

その後、住民側は「地震のリスクと過酷事故もあり得る」「過酷事故と結びついた原発震災が起きる可能性がある」とアメリカのスリーマイル島原発事故、旧ソ連のチェルノブイリ原発事故の例を示して主張しましたが、最高裁は一九九二年、住民側の上告を棄却しました。その結果が、三・一一の三炉心メルトスルー事故でした。伊方裁判で、こういうことが起きるだろうと指摘された事故が、その後、全て実際に発生しています。

原発事故の歴史をみてみましょう。○印は過酷事故です。

一九五七　○英、ウインズケール、黒鉛炉で火災事故、避難勧告を出すべきを出さなかった。

一九七〇年代　ＰＷＲ（加圧水型軽水炉）で蒸気発生器細管損傷事故が多発
一九七九・三　〇スリーマイル島原発で炉心溶融事故（住民避難）
一九八六・四　〇チェルノブイリ原発で核暴走事故（住民避難）
一九九一・二　美浜二号機で蒸気発生器細管ギロチン破断
一九九五・一二　もんじゅでナトリウム漏洩火災
一九九七・三　東海再処理アスファルト固化施設火災・爆発
一九九九・九　〇ＪＣＯで臨界事故（住民避難）
二〇〇四・八　美浜三号機、二次系配管破断事故
二〇一一・三　〇福島第一原発事故、複数炉心メルトスルー（住民避難）

なかでも、過酷事故はおおよそ一〇年に一回の割合で起きています。スリーマイル島原発やチェルノブイリ原発事故が起きた時でも、原発を推進したい学者たちは「日本は技術大国だから大丈夫だ」とか、「ソ連だから起きた」などと言ってきましたが、技術大国といわれている日本で二〇一一年三月、東京電力福島第一原発事故が起きたのです。

大事故の背後に「ヒヤリ・ハット」

ハインリッヒの法則というのをご存知でしょうか。労働災害における経験則の一つで、一件の大きな事故・災害の背後には、二九件の軽微な事故・災害があり、その背景には「ヒヤリ・ハット」とい

う事故には至らなかったものの、ヒヤリとした、ハッとした事例が三〇〇件あるというものです。重大災害の防止のためには、事故や災害の発生が予測されたヒヤリ・ハットの段階で対処していくことが必要なのです。

スリーマイル島原発事故以前と以後とでは、国際原子力機関（ＩＡＥＡ）の原発事故に関する考え方が変わりました。事故が起きる前は、「炉心は溶けない」とされてきましたが、それ以後は、「場合によっては溶ける」となったのです。事故以前、原発を運転する際には三つのことを注意するべきとされてきました。一つは、稼働時の出力のコントロール。運転しているときは出力をコントロールしなさい。不安定な運転をしてはいけないということです。二つ目は、冷却の確保。三つ目が、放射能を閉じ込めるための多重バリヤです。その意味では、「五重の壁」という言葉がよく使われています。

1　1件の重大な事故・災害
29　29件の軽微な事故・災害
300　300件のヒヤリ・ハット

ハインリッヒの法則

第一の壁は「ペレット」。ウランを陶器のように焼き固めたものです。

第二の壁は「被覆菅」。特殊合金の管で閉じこめている。

第三の壁は「原子炉圧力容器」。厚さ二〇センチの鋼鉄製容器です。

第四の壁は「原子炉格納容器」。厚さ三センチ以上の鋼鉄製容器です。

第五の壁は「外部遮蔽壁」。格納容器の外側の厚さ一メートルあるコンクリートの壁です。

この五つの壁で、放射能は外に出ないと主張してきたのです。

スリーマイル島原発事故以前は、炉心損傷は起こらないとして安全対策が立てられてきましたが、この事故後は、炉心は溶けるもの、溶けたらどうするかを考えるようになったのです。炉心が溶けたら、どんどん悪い方向へ進展していく。それを何とか食い止める。施設の過酷な状況をコントロールする。つまり、事故が進むのを阻止することを考えなさい。そのために何がいるかというと、「アクシデント・マネジメント」。要するに、必要な対策を考えろということなのです。それでも最悪の場合、放射能は外へ出る。どうするか。避難や緊急時対応など、結果を緩和するような対策を考えなさいと言っているわけです。炉心が溶けることを前提にしっかりやりなさいというのが世界的な流れだったのです。

ところが、日本の場合、一九七九年のスリーマイル島原発事故から三〇年間、「炉心は溶けない」としていたので、おざなりな対応しかしませんでした。国と電力会社は、国家の政策として原発を推進し、それに対して立地周辺の住民は、異議申し立てや裁判を起こすしかなかったのです。

伊方裁判では、被告の国や電力会社は「炉心溶融は絶対にない」と言い切り、スリーマイル島原発事故後も「日本は技術先進国だから」と主張しました。住民側は「地震のリスクと過酷事故もありえる。過酷事故と結びついた原発震災の危険性」を訴えたのですが、一九九二年に最高裁で住民側の敗訴が決まりました。ところが、三・一一以降の二〇一四年五月、大飯原発三、四号機をめぐり、住民らが関西電力に運転の差し止めを求めていた裁判で、福井地裁が画期的な判決を出しました。樋口英明裁判長が「大飯原発の安全技術と設備は脆弱なものと認めざるを得ない」と地震対策の不備を認定し、運転の差し止めを認めたのです。要するに、「生存権と電気代を並べて議論するな」ということを言ったわけです。何とか、こういう考え方を定着させたいものです。

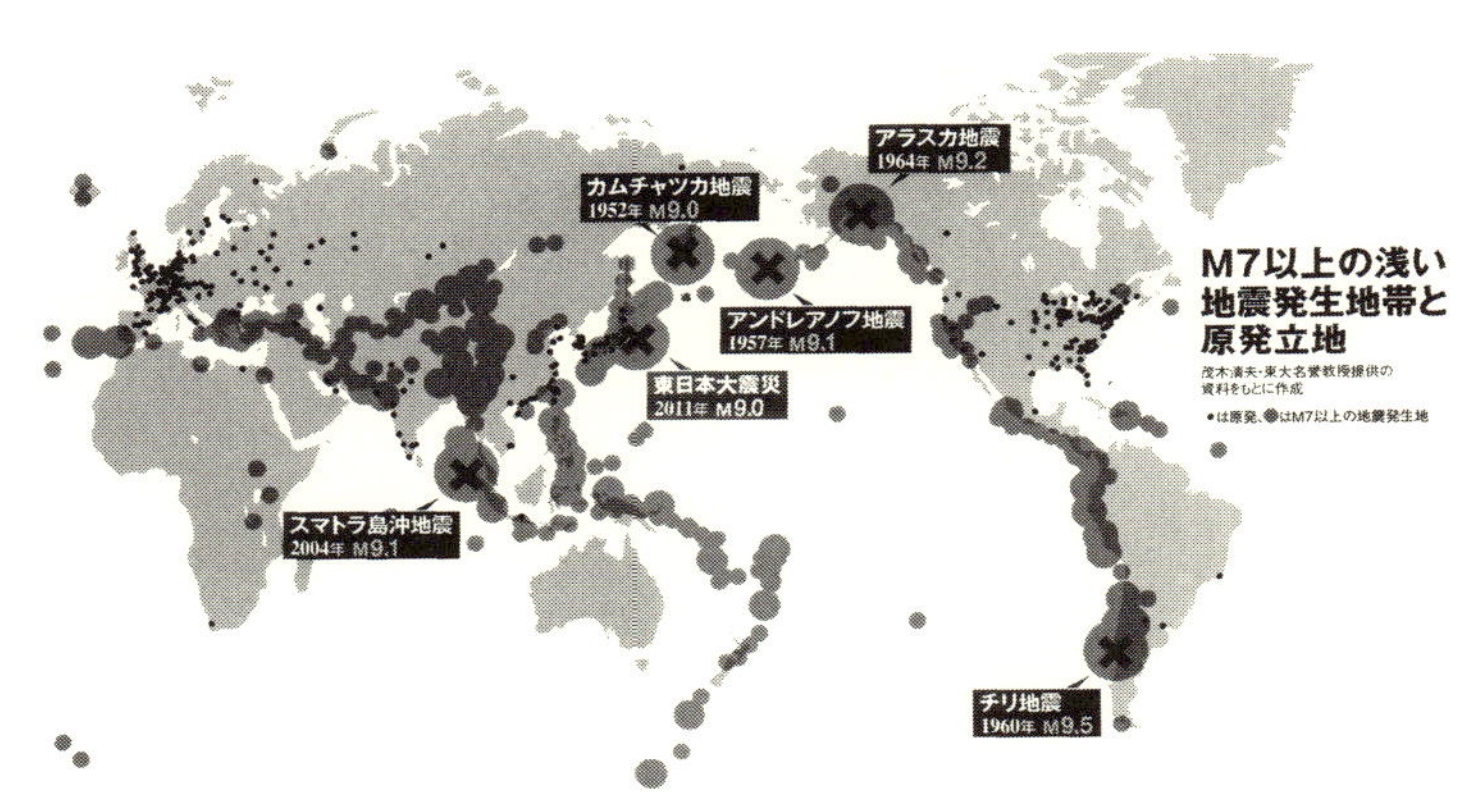

世界の地震帯と原発立地点(『アエラ』2011. 5. 15 号より)

今の日本には五〇基を超える原発があり、アメリカとフランスに次ぐ原発大国になってしまいました。いずれも地震の巣の上にあり、しかも、地震は止めようもないし、周期的に起きるのです。地球は一〇枚ほどのプレートで覆われています。地震はプレートとプレートとの境目で起きるのです。プレートは動き回っており、二つのプレートが離れ合うところが「中央海嶺」、近づき合うところが「海溝」です。日本列島の真下には、太平洋プレートとユーラシアプレートがあります。太平洋プレートが潜り込み、ユーラシアプレートが引きずり込まれるため、ユーラシアプレートが耐えきれなくなって百数十年ごとに曲がったプレートがバネみたいに戻る。それが「海溝型地震」と呼ばれるもので、東日本大震災がそうです。これは、必ず周期的に起きています。

太平洋周辺でのマグニチュード九以上の地震をみると、ほぼ一〇年に一度の割合で起きています。

一九五二年　カムチャッカ(M九・〇)
一九五七年　サン・アンドレアノフ(M九・一)

一九六〇年　チリ（M九・五）
一九六四年　アラスカ（M九・二）
二〇〇四年　スマトラ（M九・一）
二〇一一年　東日本（M九・〇）

海溝型地震の場合は、次に起きるのが東海地震（予想震源域の真ん中に浜岡原発がある）と言われています。東海地震により東南海、南海地震が連動して起きる可能性もあるのです。日本の原発は、活断層の上に建っていると言ってもよいのです。敦賀原発をはじめ、東通原発、大間原発の敷地内には活断層があります。活断層があるということは過去に地震があったという証拠で、ひずみがたまって地震が起きる可能性が高いのです。浜岡原発は東海地震の震源域のど真ん中にあり、伊方原発も中央構造線の延長上にあります。東海地震や南海地震が起きると、連動して津波も発生します。二〇一二年八月三〇日付の朝日新聞によると、東海地震が発生すると最大で一九メートルもの津波が浜岡原発を襲うと報じています。かなりの高さの防潮堤を建設中ですが、原発浸水をどう防ぐのかだけでなく、本当に冷却が確保できるのか、炉心溶融を前提に避難計画もしっかり考えなければなりません。

核燃料サイクル

次に、核燃料サイクルの問題です。再処理により取り出したプルトニウムを燃料に使う高速増殖炉は、夢の原子炉として鳴り物入りで推進されてきましたが、原型炉の「もんじゅ」は動いていません。技術的に難しくて危険なのです。

アメリカやロシアがやるのは軍事利用があって成り立っていますが、日本はなぜやめないのか。本音では、電力会社はやりたくないのです、お金がかかり過ぎるから。それでも国策としてやらざるを得ない。いうまでもなく、核兵器と原発というのは一歩隣にあるものです。それで、やめたくないのでしょう。実は、「核兵器については、NPTに参加するか否かにかかわらず、当面保有しない方針をとるが、核兵器製造の経済的・技術的ポテンシャルは常に保持するとともに、これに対して掣肘を受けないように配慮する」という文言が、一九六九年九月二九日付けの極秘文書「わが国の外交政策大綱」の一部(現在は機密解除)にあります。平和利用を標榜しながら、国はこういう考えで原子力・原発を推進してきたのです。

しかし、国が進めている核燃料サイクルはトラブル続きで、この一〇年間、技術革新や進歩がほとんどありません。特に、使用済み核燃料の処理技術に関しては「基本的にはない」といってもいいでしょう。IT産業や電気自動車などの技術の急速な普及と比べると、原子力産業の技術革新は、膨大な金をつぎ込んでいるにもかかわらず、内容が乏しく、産業として自立していけるのか疑問です。原発だけが建設されて、使用済み燃料が貯まり続けているのが実情なのです。

高レベルの放射能のゴミをどうするのかと、小泉純一郎元首相が言い出しています。「処理できないものを作り出すのは無責任だから原発を止めろ」とも言っています。宇宙への投棄は技術的に難しく、海洋底処分はロンドン条約違反になります。南極の氷の中に閉じ込める案も検討されましたが、南極条約もあるのでダメ。結局、実現可能な方法として残ったのが地層処分でした。でも、日本には安定した地盤はありません。最終処分場問題にしても、この一五年間ほとんど進展していません。日本は地震列島であり、人口密度も高く、地下水脈も多い。実際に一〇万年以上にわたって安全に埋設できるのかという根本的な課題があるためです。そのため、財政破綻しそうな小さな自治体を狙い撃ちにしています。高知県東洋町は調査受け入れで二〇億円を手にしましたが、町長のリコール、出直し町長選挙で反対派町長が誕生しました。毎日新聞が二〇一一年五月九日付の紙面で、日本とアメリカが共同でモンゴルに使用済み核燃料の貯蔵・処分施設を建設する計画を進めているとスクープしましたが、有害廃棄物の国外移転は、バーゼル条約で禁じられています。

福島第一原発事故から四年あまり、私たちはどのような社会を目指すのか、放射能に日常的に向き合わざるを得ない今こそ、誰かにお任せにするのではなく、自分で考えなくてはいけません。

異質な核エネルギー

核エネルギーというのは非常に大きいものです。私たちの世界は分子結合の世界ですが、核エネルギーは原子核をバラバラにすることによって解放されるエネルギーなのです。一九世紀まで原子核は壊れないものと考えられていました。それほど固く原子核同士は結びついているのです。ところが二〇世紀になって壊れることがわかったのです。原発の炉心で起こる反応はウラン２３５が中性子を吸収して、ウランの原子核が壊れて、ストロンチウム90やセシウム１３７などが出てきます。私たちの世界は、炭酸ガスを出す化学反応の世界です。化学反応が発生するエネルギーを一とすれば、核反応で発生するエネルギーはおよそ一〇〇万になります。桁外れのエネルギーです。化学結合で構成された材料を使って一〇〇万倍ものエネルギーを出す反応を抑えることは、材料学的には無理をしているのです。ウランの核反応で壊れた原子核が、核分裂生成物で「死の灰」と呼ばれています。この割れた原子核は不安定なので、自ら放射線を出しながらより安定した原子核に変わってゆきます。放出される放射線もエネルギーが高いものが多く、材料に当たれば材料を劣化させたり、放射化したりします。人体に当たれば、組織を破壊したり、遺伝情報を狂わせたりします。核エネルギーは私たちの化学結合の社会とは異質なもので、最も有効な使い道が、人や動物を殺傷する原子爆弾なのです。

「原子力ルネッサンス」という掛け声で明るい未来があるのでしょうか。もたらされたものは、過酷事故に脅えるリスク、累積する放射性廃棄物への悪夢、核拡散の危険性、周辺的な地域へリスクのしわ寄せ、秘密主義、技術の停滞と閉塞状況です。

アカデミズムの危機

私は物理学会の「物理学者の社会的責任分科」の世話人を、一九九六年から退職するまでの一〇年間つとめました。物理学会が米軍からお金をもらっていたことが発覚し、学会の中で物理学者が社会的責任をどう考えるか議論しようと始まったのですが、一九七七年からシンポジウムも毎年行われるなど、当時は「おかしいことはおかしい」と言える雰囲気がありました。ところが、今は締め付けとか、官僚的なムードが漂うようになり、自由な雰囲気が失われつつあります。「ルールに従う」ということでテーマの審査、講師の差し替えなどが行われ、運営が窮屈になったり、理事者やプログラム委員会などとの折衝に時間をとられ、世話人の苦労と手間が増えました。また、「社会的責任」を扱うこと自体が研究活動と同等に評価されることもなく、若い人の運営への参加も少なくなり、世話人の高齢化が進んできました。このような状況事態が、アカデミズムの閉塞感を示しているといえます。
昔のアカデミズムと言えば、アインシュタインが紙と鉛筆で、キュリー夫人が物置小屋程度の実験室で研究を重ねていたというイメージですね。いずれも個人的好奇心に従って研究活動を行っていたのです。今は違います。政府や企業などから多額の資金を得て科学研究の巨大化が進んでいるのです。多くの人数を集めてのプロジェクト型の共同研究です。そうなると、研究費を調達しやすい時流に乗った研究テーマが優先されがちで、生命科学やナノテク、ITなどが主流です。その研究成果がお金儲けにつながるから、社会に還元せずに特許などで囲い込んでしまう。研究の場が猛烈な競争の現場となり、ファストフード的になっています。お金を取ってくることが価値とみなされ、お金になるような仕事しかしない。お金をくれるような研究は「いつまでに成果を出せ」と期限が切られており、お金でコストを買うわけですから若手の研究者はいつまでも非常勤や非正規雇用などと身分が不安定で、使い捨て状態なのです。セーフティネットもありません。研究不正までほんの一歩です。産業のための、金儲けのための研究になっているのが実情なのです。最近、理研で起きたSTAP細胞をめぐる騒動は、その例といえるでしょう。

【質疑応答】

――今後数十年、原子力を研究する人が少なくなるように思うのですが、いかがでしょうか。

廃炉や脱原子力のための研究は必要です。ところが、原子力に関しては、以前から原子力工学という名前が大学から次第に消えていったのです。「量子工学」とか、「エネルギー工学」とか、名前を変えて原子力推進の研究を行っていたのですが、原子力に人気がなくなり学生が来なくなりました。私たちの時代は、有望な学問だということで優秀な人が集まっていました。小林さん、瀬尾さん、小出さんもそうです。今は学生が来なくなったし、質も落ちた。

その上、原子力だけではなく、若手研究者を取り巻く状況がすごく厳しくなって、大学院を出て直ちにパーマネントなポジションを得るのが難しくなっています。これをどうするかということが根底にあるわけですね。例えば、外国では、見習い期間はどこかの研究室で雇われる。プロジェクトの一つに参加して研究するわけですが、頑張ってパーマネントのポジションを得られる人もいる。得られなかった人はどうするのか。別のコースへ歩めるようなシステム、セーフティネットがあるのです。どこかでみんな落ち着くわけです。

ところが、日本にはそれがない。大学院の博士課程を増やしたのです。申請して増やしたことで研究費も増えました。だが、増やした博士課程卒の若手研究者をどうするのかというところまで考えていない。博士課程定員を増やすことによって研究室の活性化が競争になり、優秀な学生を取り合い、学生も中央を志向して、地域で独自に育てていた学生もどんどん中央に吸い上げられる結果となりました。学位を取った後、どうするのかを考えていない。私たちの時代はポストがなくて苦労しましたが、今の若手は数年の期限付きポストしかありません。馬車馬の如く働かされて、その先端研究になるほどお金が出るからより激しい競争を強いられ、じっくりと腰を据えて研究する大きなテーマが与えられない。落ち着いた環境で時間をかけて、研究者としての力量を上げていくことができなくなっています。さらに、研究者がマネジメントをやらされる。しかし、研究者には一般にその能力がない。そうすると、文部科学省から官僚が天下りでやってくるわけです。この流れを止めることができるか、止めるための議論もなかなかできない状況です。

――福島原発事故の収束にむけての提言を

作業に当たる人は、放射線管理をしっかり行うこと。ちゃんと記録を残すということです。本人のためにも何が起こるかわかりませんから。五〇ミリシーベルトを超えると、がんや白血病が出てくる可能性が高くなる。記録があれば、労災を申請して認められているわけです。五〇ミリシーベルトはあっという間に被曝しますよ。そこをしっかり、その人のためにも補償できる職場でないとダメですね。ごまかすのではなく、この人がこれだけの放射線量を浴びているからこうなったというデータを残していかないといけないと思います。

――日本の最終処分場について教えてください。

何もないですよ。お金をばら撒く話だけですから。福島で、除染で出た汚染土を保管する中間貯蔵施設がようやく決まったということですが、そこから持って行きようがないから、あそこが最終処分場になる可能性は高いですね。政府はそうは言わない。最終処分場の見通しがないのに原発を再稼働させるのは論外です。

――再稼働について。

鹿児島県の川内原発、愛媛県の伊方原発が再稼働となりましたが、避難計画がまったくできていない。自治体に丸投げされ、地元も困っているわけですよね。世界最高の基準と言っていますが、そう思っているのは安倍さんとその周辺だけですよね。原子力規制委員会の委員も「安全です」とは一言も言ってないし、具体的に避難計画ができていないのに再稼働させることはあり得ないわけですよ。現実に炉心が溶けることが起こっているわけですから。避難というのは、自分たちが避難することも、避難した人を受け入れることも入っているわけです。両方ともやらなければならないわけですが、そういうことをまったく考慮していません。アメリカは場所によっては避難計画が確立していないと運転を認めません。日本でも新潟県の泉田裕彦知事はその趣旨のことを言ってます。

技術的なことがすべて満たされたら再稼動できるかというと、そうではありません。再稼働によって放射性廃棄物が蓄積されていくわけです。廃棄物の処分もはっきりしていないのですから、即、止めるべきだというのが私の考えなのですが、そうでない人もいる。そうでない人が権力側にいるわけですから困りますね。反対運動をしっかりやらないと。放射能は自分の世代だけではなく、次の世代にも残るわけですから。原発を動かすことで過酷事故もあり得るし、けっして安上がりにならないということが今ではわかっているわけですから、再稼働を求めるわけにはいかない。自分で判断し、できることをやるしかないと思いますね。

――瀬尾さんについてお話を教えてください。

瀬尾さんは京大原子核工学の三期生です。彼を知ったのは大学時代、私のサッカーの友達が原子核工学所属だったので、彼に連れられて北白川へ一緒に飯を食いに行ったことがあります。タバコを吹かしてギターを弾いていました。ギターうまかったですね。格好良かったですよ。次に会ったのが原子炉実験所へ入ってからです。彼の連れ合いは同志社高校の先生で、通勤を考慮して京都と熊取の中間の高槻に自宅を構えて、そこから通っていた。私は京都でしたから、電車で時々、一緒になるのです。いろいろ話をするのですが、彼の話題はＳＦからロシア文学、科学技術と幅広かった。私もそれに付き合って話をするのですが、彼の話は論理的でした。たくさんの引き出しから次々に話題が出てくるようで、おもしろかったですね。

瀬尾さんはコツコツと、しかも着実に積み上げていく。物事を理詰めで考える人でした。六人組でアメリカの物理学会が出した論文を読んでいたら、「事故が起きたら放射線がどのように拡散して飛んでいくか」ということが書いてあったのです。彼はそれを見て「これだったらできる」と言って、日本の場合どうなるか、人口分布や風向きを考慮したコンピュータプログラムを自分で作り上げたのです。その結果は『原発事故…その時、あなたは！』に、日本のすべての原発についてまとめられています。

よく話をしたのは科学技術の話とロシア文学でした。『カラマーゾフの兄弟』がどうだとか、『罪と罰』がどうだとか、私も話によく付き合っていました。彼は頭脳明晰なのですが、碁は下手でしたね。

海老澤さんによくコテンコテンにやられていました。そんなことを今でも鮮明に思い出せます。彼の写真は今でも私の部屋に飾ってあります。

（二〇一四年八月三〇日）

三 放射能に耐える時代

今中哲二

放射能、放射線とは何かを知ること

私は、これまで一般の方に「原発に反対するのに、別に原発の仕組みがどうの、原子炉の仕組みがどうのなんてこと知る必要ありません」と言ってきました。たとえば、関西電力が原発を作ろうとした和歌山の日高町の現地で、電力会社がどんなひどいことをしてきたか、どのように住民を騙して土地を奪い金をばら撒いて、権力を使って原発を押し付けようとしてきたか。それさえ見れば、やっぱり原発はひどいものだということを誰でも実感出来ると思っています。

二〇一一年三月、本当に原発事故が起きました。関西に飛んできた放射能はたかが知れていますが、東京あたりも、私に言わせれば「放射能だらけ」です。東京の土を採ってきて測定器で測ると、放射性セシウムのピークがすっと出ます。でも、そういう環境でも暮らしていかなくてはいけない。そのときに必要なのは、放射能とは何か、放射線とは何かという正しい知識です。

私の娘は東京に住んでいて、孫もいます。東京は汚染されていますが、私自身の判断としては、いますぐ移らなくてはならないというものではないと考えます。もちろん、東京の汚染が嫌だから他所に移った人もいますし、人それぞれの選択だと思います。このような選択をされるとき、放射能が何か、被曝がどういうものかについて、出来るだけ確かな情報と知識に基づき判断していただきたいと思います。それを専門家として手助けをするのが、福島事故のあとの私の役割の一つだろうと思っています。

きょうのタイトルは「放射能に耐える時代」。情けない話ですけども、我われが住んでいる日本は汚染されてしまって、まさに我われはこれから五〇年、一〇〇年と放射能を相手にしなくてはいけません。ただ、放射能、放射線について基本的で確かな知識を持っておられる方は、とても少ないのが実情です。ということで、今日はまず放射能の知識についてお話ししたい。

放射能、放射線とは何かということですが、言葉も定義そのものも曖昧なところがあります。放射能というとき、我われは二つの使い方をします。一つは放射線を出す能力をもつこと。たとえば放射能を帯びる、鉄とかコバルトを原子炉の中に入れると放射能を帯びる、という使い方ですね。もう一つの意味合いとして、放射能汚染という言い方をします。これは放射性物質による汚染です。放射線を出すもの(物質)と、放射線を出す能力とを指す場合があるわけです。我われ専門家は使い分けているから全然違和感がありませんが、この辺をよく理解されておかないと、いろいろ混乱が起こるのだろうと思います。

放射能、放射線を世間の人にきちんと理解してもらおうと思ったら、元素周期表が必要です。理系の人だったら、ごく当たり前の周期表ですが、今日ここに集まられた方は高校以来、あるいは中学以来で、初めて見たという方もかなりおられるでしょう。ご存知のように万物は元素というもので出来ています。たぶんお年寄りの方は「すいへいりーべぼくのふね……(H　He　Li　Be　B　C　N　O　F　Ne)」というのを聞かれたことがあると思います。物質を構成している元素を軽い順、小さい順に並べます。九二番に「U」というのがあります。これがウランです。自然界に普通に存在するものは、この一番から九二番までの元素の組み合わせによって、全てができていると思ってください。

原発の燃料になるのは自然界に存在する一番大きく重たい元素、ウランです。周期表の二つ右隣には「Ｐｕ」というのがあります。これがプルトニウムです。今日これから話しますが、核分裂という現象を利用して、我われは原発などのエネルギーを作り出しているわけです。ウランが核分裂するとき、いろいろな割れ方をします。それで出来るものが、セシウムとかヨウ素とか、ストロンチウムなどです。

では、放射性物質とは何か。放射性物質の原子核は不安定で落ち着きがない性質があり、もう少し落ち着こうということで、エネルギーを出して別のものに変わっていきます。たとえばセシウム（Ｃｓ　原子番号55）ならベータ線、ガンマ線などの放射線が出て、そして隣のバリウム（Ｂａ　原子番号56）になります。ベータ線の正体は電子だというのをご存知だと思いますが、ヨウ素（Ｉ　原子番号53）もベータ線を出してキセノン（Ｘｅ　原子番号54）になります。原子核の中で何が起きるかというと、電子、つまりマイナスの粒子が一個ポンと出ますから、プラスが一個増えて原子番号53が54になり、その瞬間にキセノンになります。放射線崩壊といいますが、そういうかたちで原子核が変身、別のものに変わる瞬間に放射線というものが出る、ということをみなさんに勉強していただくために周期表の説明をしました。

無人の村で除染　飯舘村のいま

以上がまず前置きですが、今日の話のテーマは、「放射能に耐える時代」です。こちらの図はご存知のように、いま現在の福島原発の周りの避難指示区域です。

色の一番濃いところが帰還困難区域。それから居住制限区域、避難指示解除準備区域。飯舘村だと福島第一原発から三〇キロから四〇キロ離れています。この避難地域の面積がどれくらいかということですけれど、汚染され人が住めなくなっている面積がだいたい一〇〇〇平方キロメートルくらいです。といってもみなさんピンとこないでしょう。この大阪が二〇〇〇平方キロメートル弱ですから、大阪の半分くらいの面積です。そこから、三年半たっても避難しているし、いつ戻れるかわからない人の数がだいたい十数万人です。ほかのところから避難している人を考慮すると、今でもだいたい一五万人が福島から避難して、戻れないという状況が続いているということです。

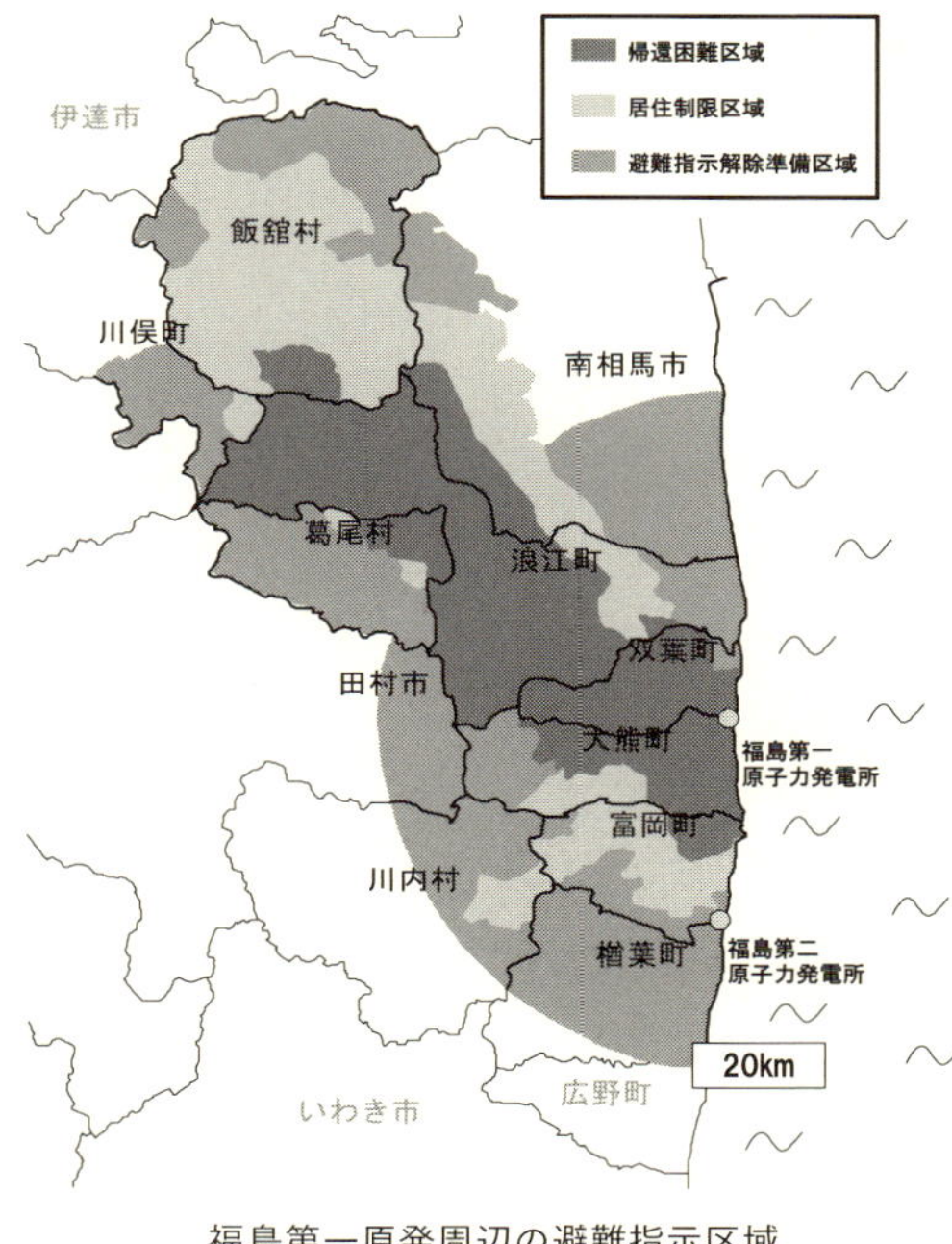

福島第一原発周辺の避難指示区域

さて、私は一九五〇年に広島に生まれ、一九六九年に大阪大学原子力工学科に入りました。ちょうど私が大学に入った頃から日本の原子力開発が始まりました。日本が作ってきた原子力発電所の数が次第に増加していきます。それから約四〇年、行き着いた先が、福島事故なのです。私自身は、ある意味、これは必然の階段を登ってきた、そういうふうに思っています。

きょうは「福島で起きたこと、起きていること」「放射能汚染、放射線被曝、その影響」そして「誰が、何が、何のために日本の原子力を進めてきたのか」、つまり日本の原子力開発に対して私が考えていることをお話しするつもりです。

ではまず、「福島で起きていること」です。

こちらの写真は飯舘村です。非常にきれいなところです。行かれた方があるかもしれませんが、ちょうど阿武隈山地の上にぽんと乗ったようなところで、標高五〇〇メートルから六〇〇メートルくらいです。人口は約六〇〇〇人。原発から三〇キロ、四〇キロの距離で、福島の事故が起こるまでは、原発とは全くなんの関係もなく、自分たちでいろいろな村おこしをやってきました。

昔は大変だったと思います。山の奥で、冷害などに見舞われたり、飢饉もあったと聞きました。そういうことを乗り越えて、特に「飯舘牛」は東京では高級牛肉のブランドとして通用するようになるなど、これからというときに空から放射能がたくさん降ってきた。今現在も、六〇〇〇人の住民はみんな避難しています。

写真のうち一枚は一一年の七月、飯舘村放射線状況調査の仲間である小澤祥治さんが撮影したものです。これは二枚橋須萱という大変綺麗なところで、こういう風景がずっと続いています。ちょっと荒れているのは、この頃は住民が避難して誰も住んでいなかったからです。

現在それがどうなっているかが、もう一つの写真です。一三年の一〇月、飯舘村の調査で回ってい

▼2013年10月　今中撮影

▲2011年7月　小澤撮影

飯舘村の今

たときに、ちょうど同じ場所で写真を撮りました。今はものすごい勢いで除染が行われています。田んぼや畑の土を引っ剝がして袋詰めにして、山のように積んでいます。除染という名の環境破壊です。これから先々どうするのでしょうか。「森は除染できません」と当局も言っています。人口六〇〇〇人の村に毎日四〇〇〇、五〇〇〇人の作業員が入っていきます。一説によると飯舘村の除染費用は三〇〇〇億円。地元の人からすれば、「代わりにお金を分けてほしい」というのが正直なところだと思います。こうやってお金がどんどん流れているシステムに、歯止めがかけられない我われの社会は、本当に情けないと思います。

では飯舘村の人はどう思っているのか。役場と復興庁が二〇一三年四月に実施したアンケートでは、「帰りたい」というのはせいぜい二割くらい。若い人はもうほとんど帰りません。私自身は、帰りたいというお年寄りがいたら、帰してあげればいいと思っています。飯舘村の人たちが何年もプレハブの仮設住宅で暮らしていること、その人たちが元々はこういった広々とした大きな家に住んでいたことを考えると、帰りたいお年寄りは帰してあげるという選択は、たとえ汚染があっても、僕は仕方ないだろうと思います。但し、行政や電力会社はちゃんとケアしないといけないと思います。戻るにしても店はないし、行政のサービスもない。やはり様ざまな配慮をして、地元の人の希望に添ったかたちで、いろいろなオプションを考えていく必要があるのだろうと思います。だけど実際に行われているのは何百億、何千億という費用をかけた除染で、村としては、二〇一七年の春くらいには全員を帰す、という路線で動いているのです。

原爆と原発

きょうは放射能汚染の話をしますので基礎的な話をもう一度、最初からやっておきます。もとをたどれば、先ほど話したウランの核分裂の話に行き着くのです。ここのところをきちんと押さえておかないと、応用問題が難しい。

原爆と原発、どちらも核分裂の連鎖反応を使っているというのはみなさんご存知だと思います。これがどういうことかというと、一九三八年、いまをさかのぼること七〇年くらい前ですが、中性子というやつをウランにぶつけたらいったい何が出来るだろうかという実験をドイツの研究所でやっていたわけです。そうするとどうも妙なものが出来ていることがわかった。研究していたのは化学の有名な先生で、バリウム(Ba　原子番号56)というものが出来ているのではないかと分析した論文を発表しました。彼の同僚の物理学者がバリウムが出来るのはどういうことかを考えて、思いついたのが核分裂という現象です。そのときに大変なエネルギーが出るということもわかりました。

次に、ウランに中性子をぶつけて核分裂を起こすと、どうも、そのあとに二つか三つ、中性子が出てくるらしいということがわかりました。これが本当だったら、この新たな中性子がまた隣のウランに当たって、また核分裂を起こす、そしてまたその中性子が次の核分裂を起こす、というように連鎖反応が起きます。これをうまく使えば大変なエネルギー源になると、ドイツ、イギリス、アメリカ、日本も含めて、学者たちが「うまくすれば原爆が出来るぞ」と考えたのです。時あたかも一九三八年ですから、第二次世界大戦が起こるちょっと前のことです。

各国はそれぞれ研究を始めましたが、結局アメリカがマンハッタン計画によって、一九四五年の八月に広島・長崎に原爆を落とします。広島の場合はウランを使った原爆、長崎の場合はプルトニウムを使った原爆です。原爆とはどういうものかというと、核分裂の連鎖反応を出来るだけ短い時間に出来るだけたくさん起こしてやる装置です。だいたい百万分の一秒のあいだに、大変な量の核分裂をさせて、ドカンと爆発させるのが原爆でした。

戦争が終わったあとに、この核分裂のエネルギーを使って、電気を起こそうと考えたのが原子力発電の始まりでした。核分裂の連鎖反応を原爆のようにいっぺんにドンとやってしまったらどんなに強固なものでも壊れてしまいますから、核分裂の進め方を人間がコントロールしなくてはならない。それでは、どのようにコントロールするか。核分裂連鎖反応のミソというのは媒介する中性子なのです。世の中には、中性子を非常によく吸収する物質があります。具体的にはホウ素、目薬に使われるホウ酸のホウ素です。もう一つはイタイイタイ病で知られるカドミウムです。このカドミウムやホウ素を

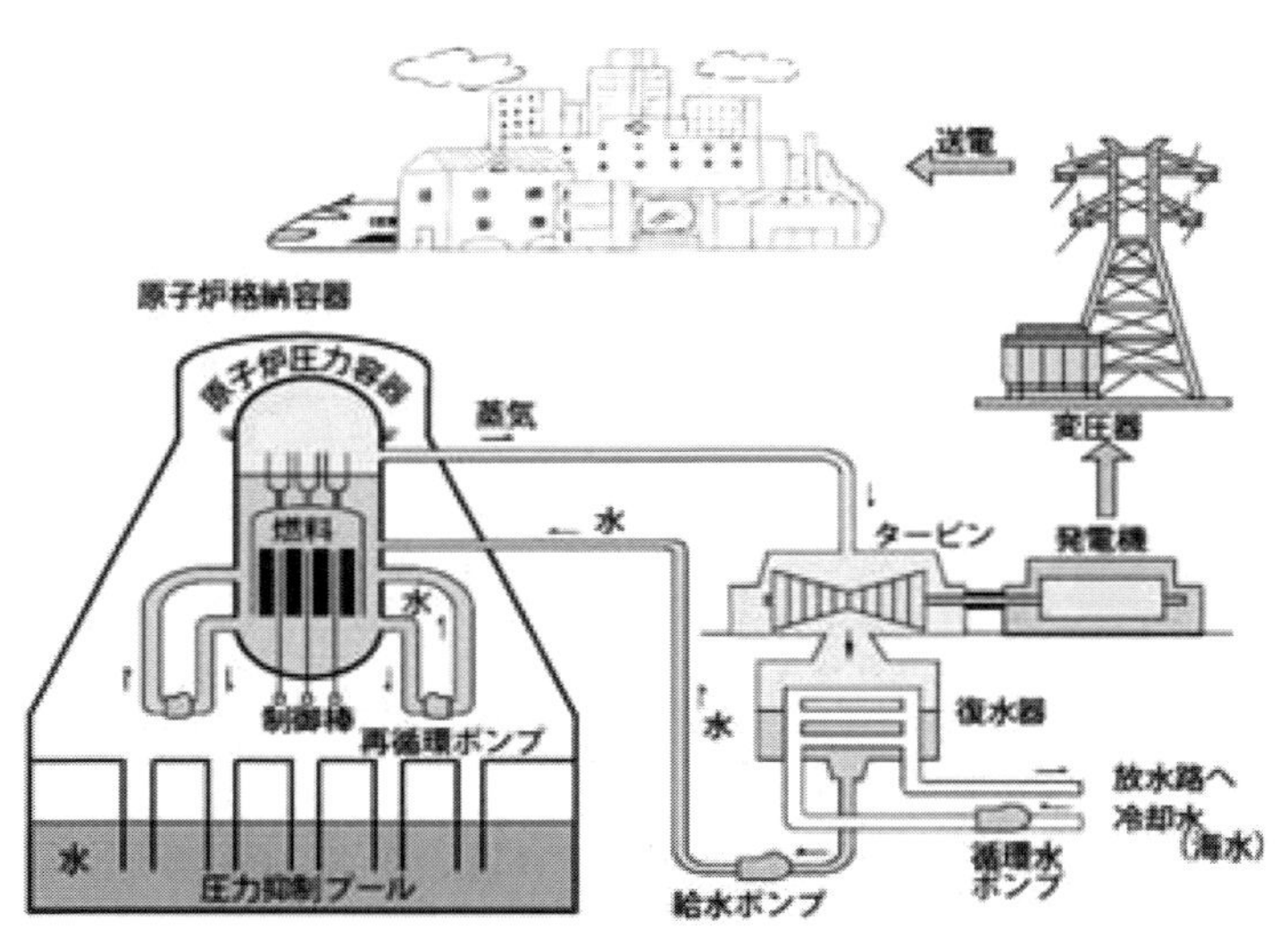

沸騰水型炉(BWR)原子力発電のしくみ

含んだ物質で制御棒というものを作って、核分裂をコントロールすることを考えました。

原子炉圧力容器と呼ばれるお釜の真ん中に、核燃料を入れます。そして、制御棒を引き抜くと核分裂の連鎖反応が起きる。そのときに核分裂で出来たエネルギーを(結局、熱になりますから)水で取り出します。その水で蒸気を作ってタービンを回し、電気を起こすというシステムが原子力発電です。蒸気を作ったあとは火力発電所と一緒です。

水が沸騰するのは日常生活では一〇〇度ですが、一〇〇度で出来るような蒸気では大きなタービンは回せませんので、高温高圧にします。このタイプの原発は沸騰水型炉(BWR)と呼び、東京電力が使っています。この場合、二八〇度、七〇気圧という

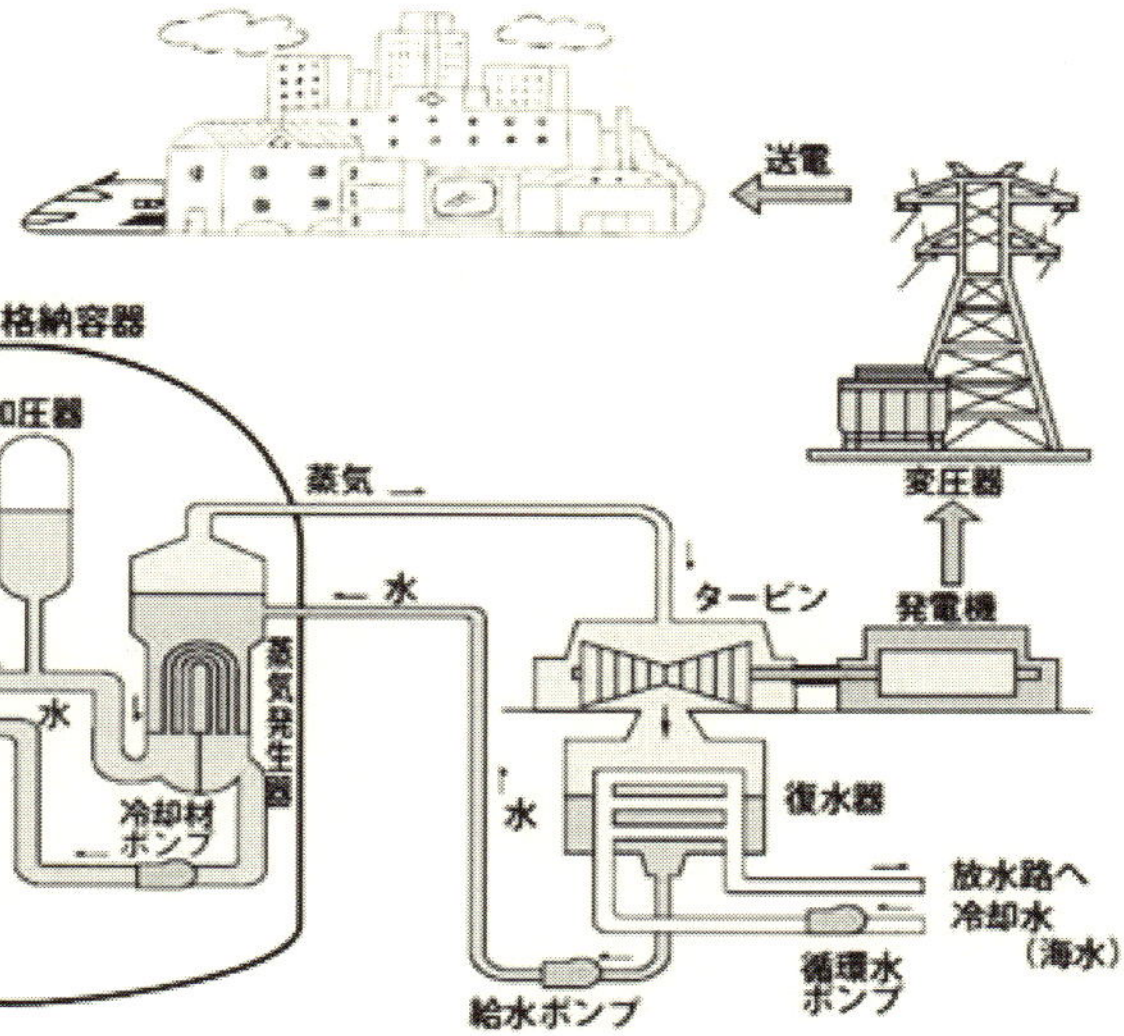

加圧水型炉（PWR）原子力発電のしくみ

高温高圧蒸気でタービンを回すということになります。

もう一つのタイプの原発は、関西電力が使っている加圧水型炉（ＰＷＲ）です。沸騰水型とどこが違うかというと、沸騰水型はお釜の中で直接蒸気が沸騰していますが、加圧水型は、お釜の中で蒸気を作っていません。蒸気を作らずに、ここの熱を一次系の水で引っ張り出します。蒸気を作るのは蒸気発生器です。熱交換器と言って細いチューブが何千本もはいっていますが、そのなかを一次系の熱い水を通して、二次系の蒸気を作ってやる。その分、この「ＰＷＲ」のほうが一次系の温度圧力が高く、だいたい一次系のお釜の出口温度が三二〇度で、一五〇気圧です。もうべらぼうな高温高圧です。

ですから、その容器は非常に頑丈なもの

です。厚さ二〇センチくらいのスチール製で、配管がグルグルあります。もしも仮にこの辺で配管がちょっと引きずり切れたり、傷がついたりすると、ものすごい勢いで蒸気が出て、あっという間に空だきになります。

核分裂制御失敗より恐ろしい冷却失敗事故

原発でどれくらいの核分裂が進んでいるか。これが原発の危険性の源になります。広島・長崎の原爆で核分裂した量ですけども、広島・長崎(少し長崎のほうが、爆発力が大きいですが)では基本的に一キログラムと思ってください。だいたい一キログラムのウランが核分裂を起こすと、広島原爆のようなエネルギーが放出されます。

では、原発ではどれくらいのウランが核分裂を起こしているか。今の日本で建設される標準タイプの原発の電気出力は、一〇〇万キロワットです。この原発が一日動くと、原子炉の中ではだいたい三キログラムのウランが核分裂を起こします。核分裂でいわゆる死の灰(ウランが割れてセシウムが出来たり、ヨウ素が出来たり、ストロンチウムが出来るわけですが、これらは放射能が強いため、いわゆる、俗に死の灰といわれています)が原子炉の炉心にたまっていく。一日動くと原爆三発分ですから、一年三六五日動かすと、だいたい原爆一〇〇〇発分くらいの死の灰が中にたまっていきます。

結局、原発の安全技術とは、その大量にたまった放射能をいかに完璧に閉じ込めておけるかということに尽きるのですが、先ほど話したように高温高圧で、大変なエネルギーを出している装置です。下手をしたら大量の放射能が外に出てしまうような事故が起こりうることは、原子力開発を始めた時からわかっていました。その一つは核分裂のコントロールに失敗する事故です。先ほど、制御棒で核分裂の進み方を調整するといいましたが、いろいろ条件が重なって上手くいかないことが起きてしまうと、一九八六年四月二六日のチェルノブイリ原発事故のような事態が起こってしまいます。チェルノブイリの細かい話をしている時間はないですが、あれは基本的に暴走事故です。原子炉を止めようとして、制御棒のスイッチを全部入れたのですが、いかんせん様ざまな条件が重なって、むしろ逆に出力が上がってしまった。そのため、一瞬のうちに原子炉も建物そのものも破棄され吹っ飛ぶ大爆発が起きて、大量の放射能が外に出ていったというのがチェルノブイリ事故でした。

実は我われが核分裂のコントロールに失敗する事故以上に心配していたのは、むしろ「原子炉の冷却に失敗する」事故でした。大量の熱が発生していますから、さっきもお話ししたように、地震などによって配管が切断されると、あっという間に原子炉の中が空焚きになり、燃料が溶けてしまうという事態を心配したのです。一九七九年三月に起きたアメリカのスリーマイル島原発事故というのはこちらです。あの事故で、お釜の中の水が半分減りました。燃料が半分溶けたんですが、その段階でかろうじて冷却再開に成功して、お釜そのものもなんとか壊れずにすんだ。一番大きなポイントは、お釜の外にある格納容器という放射能漏れを防ぐ壁も壊れなかったことです。

福島の事故も、皆さんご存知のように端的にいうと電源がなくなって冷やせなくなってしまいました。先ほども話しましたが、ウランと中性子がぶつかって二つの破片に核分裂しますよね。ちょっとややこしい話をします。さきほど周期表をお見せしして、ウランは原子番号92と言いました。ここに濃い色の玉と薄い色の玉がありますが、濃い色の玉は陽子といって、プラス一の電荷を持つ粒子です。

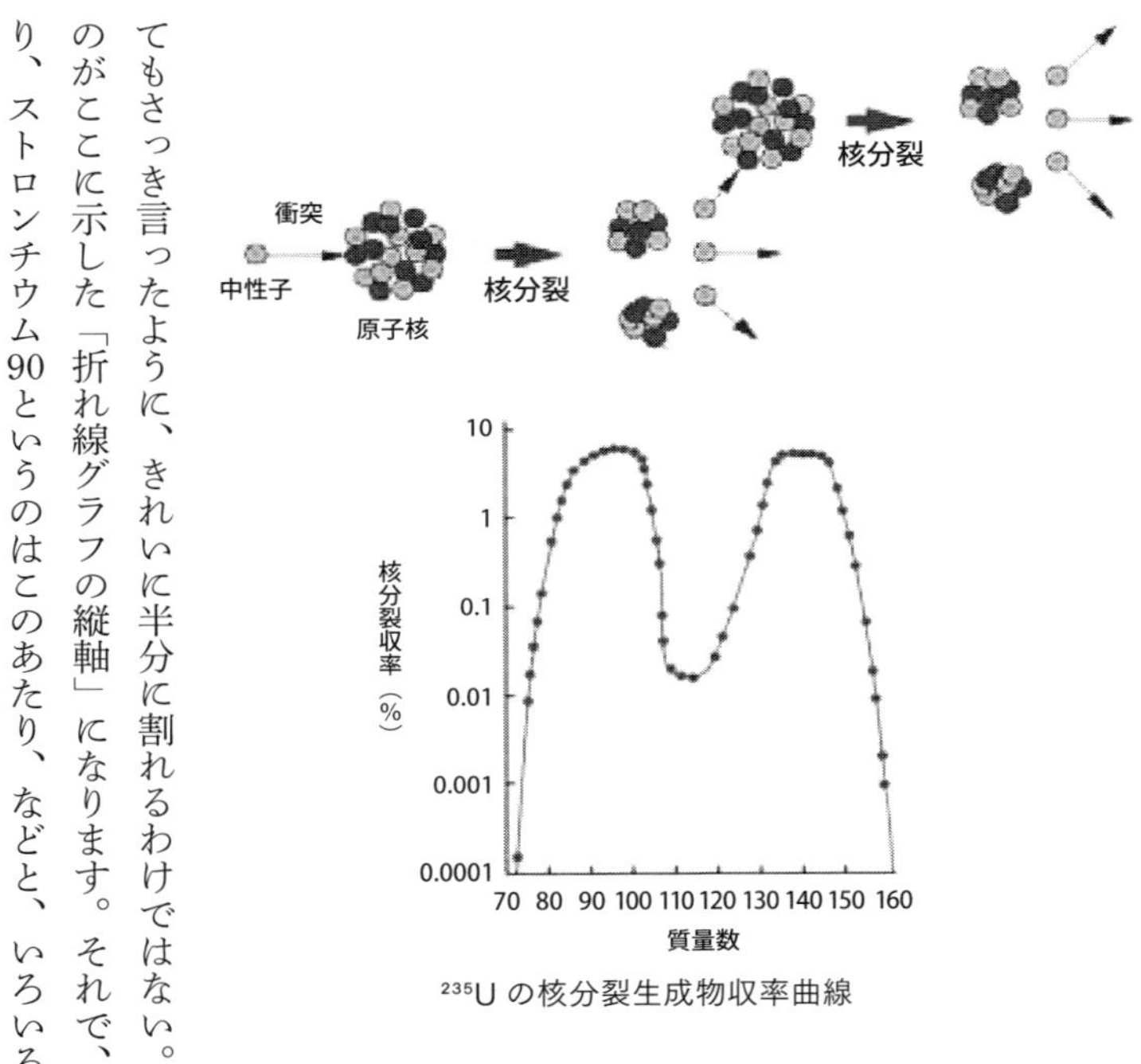

^{235}U の核分裂生成物収率曲線

薄い色の玉は中性子といって、陽子と同じ大きさですが電荷を持っていません。ウランの92番というのは、原子核の中に陽子が九二個あるということなのです。みなさんはウランの２３５とかウランの２３８とか聞かれたことがあると思います。これは何かというと、この原子核の中にある陽子の数と中性子の数を足したものなのです。ですから、ウランの２３５には、陽子が九二個、中性子が一四三個ぎゅっと固まっているんです。それに中性子がもう一つポンと当たるとバランスが悪くなって、パッと割れてしまう。割れるといってもさっき言ったように、きれいに半分に割れるわけではない。二つに割れてできる確率のようなものがここに示した「折れ線グラフの縦軸」になります。それで、セシウム１３７というのはこのあたり、ストロンチウム90というのはこのあたり、などと、いろいろな割れ方をした放射能が炉心の中にどっさりたまるということになります。

「福島は人災です」

実は、事故が起きたらとんでもないことになることは、日本で本格的に原発を動かす前からわかっていたのです。日本で最初の商業用原発は、一九六六年に出来た東海村の東海原発で、今の原発とちがってイギリスから導入され、日本原電が作りました。一六万五千キロワットという非常に小さいものです。導入するにあたって、一九六〇年、当時の科学技術庁と日本原子力産業会議が、事故が起きたらどのような被害が出るか試算しています。

もちろん仮定の話ですし、条件の設定によって違いますが、一例として急性死者が五四〇人、急性障害が二九〇〇人、永久立ち退き人数が三万人、農業制限が三万六千平方メートルになる。注目していただきたいのは、被害額です。一九六〇年の段階で約一兆円と見込まれているのですね。当時の日本の国家予算は一兆七千万円でした。それが、原発で事故があったら国が破滅するくらいの被害が出るということが、導入前からわかっていた。それでも日本としては、ぜひとも原発をやりたい、ということだったのです。

この試算はなんのために行われたと思いますか？　原発を進めるにあたって、原発の保険制度をどうするか調べるためにやったわけです。電力会社としてはいざ事故を起こしたら大変な被害が出るようなものには、危なくて手が出せない。では、日本政府としてどうしたか。このために特別に原子力損害賠償法を作り、電力会社が事故に備えて入っておく賠償保険金額に上限を設けたのです。当時の額で五〇億円。要するに電力会社は事故に備えて五〇億円を用意していたらよい、ということです。では、事故が起きて被害が大きかったらどうするのか？　あとは国会の議決で国がなんとかしましょう、という法律を作ることによって、初めて日本の原発が動き始めたのです。

この法律は、実は福島第一原発の事故のときも生きていました。この時は用意すべき原子力賠償の額は一二〇〇億円。それではもちろんすみません。すぐに政府も国会も動いて、二〇一一年の夏頃、原子力損害賠償支援機構法という特別の法律ができて、国のお金、ほかの電力会社のお金を入れて東電の賠償に充てますよと。我われの税金が入って福島の被災者たちの賠償に使うというシステムで、現在は対応しているというのが実態です。

原発が危ないことも、原発事故がとんでもない規模になることも、始めからわかっていた。私が原発を胡散臭いと確信したのはこれなのです。

福島の原発事故が起きるまで日本では五四の原発があり、その全てに対して、どんなことが起きても大丈夫ですというお墨付きを、日本の原子力安全委員会、政府が与えてきました。その原子力安全委員会は、自分たちのいろいろな指針を持っていて、原発がその指針に合うかどうか審査しています。なかでも立地に関する基本的なものが、一九六四年の「原子炉立地審査指針」。該当する場所が、原発を作るのに適しているかどうかについての指針です。読んでみますと「重大事故を超えるような技術的見地から起るとは考えられない事故の発生を仮想しても、周辺の公衆に著しい放射能災害を与えないこと」と書いてあるのです。これを普通の人が普通の感覚で読めば、日本に原発を作る場所はありません。けれども、実際には「全ての原発がこれを満たしている」とされているわけです。

その裏にどのようなからくりがあるかというと、結局「都合の悪いことははじめから考えない」ということなのです。福島の事故があんなにひどくなったのは、津波で非常用発電機が全部動かなくなって電源を喪失したからなのですが、安全審査で行っているもう一つの指針に「発電用軽水型原子炉施設に関する安全設計審査指針(一九七七年)」があります。そのたくさんある指針の九番目が「電源喪失に対する設計上の考慮」です。ここを読むと、「長期間にわたる電源喪失は、送電系統の復旧または非常用ディーゼル発電機の修復が期待出来るので考慮する必要はない」と書かれています。

これが裏でやられていたことなのです。本当に福島は人災です。

私は原子力で四〇数年飯を食っていますが、福島の事故を見て最も驚いたことの一つが、原発に安全責任を持つ人々が「原発は安全だ」と本当に思い込んでいたということです。そりゃあないでしょう。一九六九年から原子力に関わっていますが、私は「原子力は危険物だから、常に最悪の場合を考えて対応しなくちゃいけないよ」ということを叩き込まれてきました。けれどこういうインチキが積み重なって、東電も含め、安全委員長も含め、安全に責任を持つ人々が、本当に原発は安全だと思い込んでいた。やはり、それが一番の問題だろうと思います。それなりの想像力をもって当たっていれば、事故に備え「ああ、ここには津波がくるぞ、もしきたときにはこれは大変なことになるぞ」という正常な想像力が働いたはずなのですけども、彼らはそれを失くしてしまっていたということだと思います。

また起きた最悪の事態

事故のことを振り返ります。「また起きた最悪の事態」というのは、チェルノブイリが最初の最悪の事態で、そしてまた起きたというのが福島です。

「最悪の事態」というのはどういうことか。原発の危険性というのは、原子炉にたまっている大量の死の灰、核分裂生成物がそのまま環境中に大量に出ていくことです。私はこのような事態を「最悪の事態」と呼んでいます。それがチェルノブイリに続いて福島でも起きてしまったということです。

福島第一原発事故のおさらいをします。この原発は、東電が最初に作った原発で、六つの原子炉がありました。一号機が動きはじめたのは一九七一年。一号機はアメリカのGEが全部設計、施工、責任を持って作ったものです。二号機、三号機になると東芝や日立が入って作りました。

二〇一一年三月一一日一四時四六分、地震が起きました。福島第一原発では一、二、三号機が運転中で四、五、六号機は定期検査で停まっていました。震源からだいたい一八〇キロくらいの距離でした。揺れが来て何がまず起きたかというと、この原発の核分裂の連鎖反応を調整しているのは制御棒ですが、振動を感じて制御棒が全部自動的に上手く入りました。ですから、核分裂の連鎖反応そのものは、その段階で止まりました。オペレーターたちもそれはすぐ確認しています。では、次に何が起きたか。外部電源が、二系統三系統持っていますが、全部やられました。送電線が倒れる、変電所の碍子がこわれる、などでアウトでした。地震で制御棒が入って、原発が止まることは、地震の多い日本ではときどきあります。オペレーターも経験しているでしょう。ですが、加えて外部電源もなくなるというのは今回が初めてだったと思います。その段階でかなり緊急事態ですが、それに対する備えはありました。非常用のディーゼル発電機です。予定通りぜんぶ動き出しました。非常用発電機が動き出したことで、オペレーターもなんとか乗り切れると思ったでしょう。でも、そのあと四〇分くらいたって、一五時三〇分台に津波が来ました。

非常用発電機は、タービン建屋の地下にずらっと並んでいました。この原発の想定津波はだいたい六メートル。そこに十数メートルの津波がきて、非常用発電機が全部水をかぶり、アウトになりました。本当に大変な事態が始まったのは、そこからです。結局その段階で、考えなくても良いといっていた長期間にわたる電源喪失が実際に起きてしまいました。そして、皆さんご存知のように一二日に一号機、一四日には三号機が水素爆発を起こします。それで、どんどん大変なことになります。電源を喪失して、ポンプで水を送ることができなくなり、お釜の中の温度・圧力が上がるのです。圧力があまり上がりすぎて、お釜が壊れるのが心配ですから、そういうときには安全弁が開きます。蒸気が徐々に減っていき、水位がだんだん下がっていくということになります。

ちょっとややこしい話をさせてください。先ほど、地震がきて核分裂が止まったと言いましたね。確かに核分裂は止まりました。けれども、発熱はまだ続いているのです。家のガスなどなら、火を止めれば発熱は終わりますが、原子炉のやっかいなところは、核分裂を止めても発熱が続くということなんです。

これはどういう熱か。ここには大量の放射能がありますよね。放射性物質はベータ線、ガンマ線などを出しますが、このベータ線などもエネルギーの一つです。炉心の中で発生した放射線は全部周りにぶつかって最終的には熱になります。これを我われは崩壊熱と呼んでいます。残留熱ともいいます。

それがどれくらいかというと、福島の一号機は普通に運転していたら電気出力四六万キロワットです。原子炉の中で出ている熱は実はその三倍になります。原発の発電効率は非常に悪いです。蒸気を作ってタービンを回しますが、三分の一しか電気になりません。あとの三分の二は温排水で外に出てしまう。出力四六万キロワットということは、お釜の中で出ている熱はその三倍。一四〇万キロワットがずっと出ているということになります。

それで、制御棒が入って核分裂が止まったときに、そのときの崩壊熱はどれくらいあるかというと、だいたい六パーセントから七パーセントです。つまり一〇万キロワットくらいの発熱です。放射能の強さはだんだん減ってきますから、崩壊熱もだんだん減りますが、冷やし続けなければ、どんどん温度が上がっていくということになります。

電力会社のいう「何重もの壁」はインチキ

原子炉内の水位がだんだん下がっていき、燃料棒が露出する段階になると、これはもう大変です。一本の燃料棒には、ウランペレットといいまして、ウランの瀬戸物のような、長さ一センチメートルほどの円筒形のペレットが二〇〇か三〇〇入っています。それを約一〇〇本束ねたものが燃料集合体になります。福島型の沸騰水型（ＢＷＲ）の場合は、たぶん五〇〇キロくらいの重さです。それを五〇〇体、六〇〇体、炉心に入れる構造になっています。水がだんだん減っていって燃料棒の頭が露出し、温度もどんどん上昇していくと次に何が起こるのか。タチが悪いのは、実は、この燃料棒の鞘がジルコニウムという金属でできていることです。非常にやっかいなのは、温度が一〇〇〇度Ｃを越えると

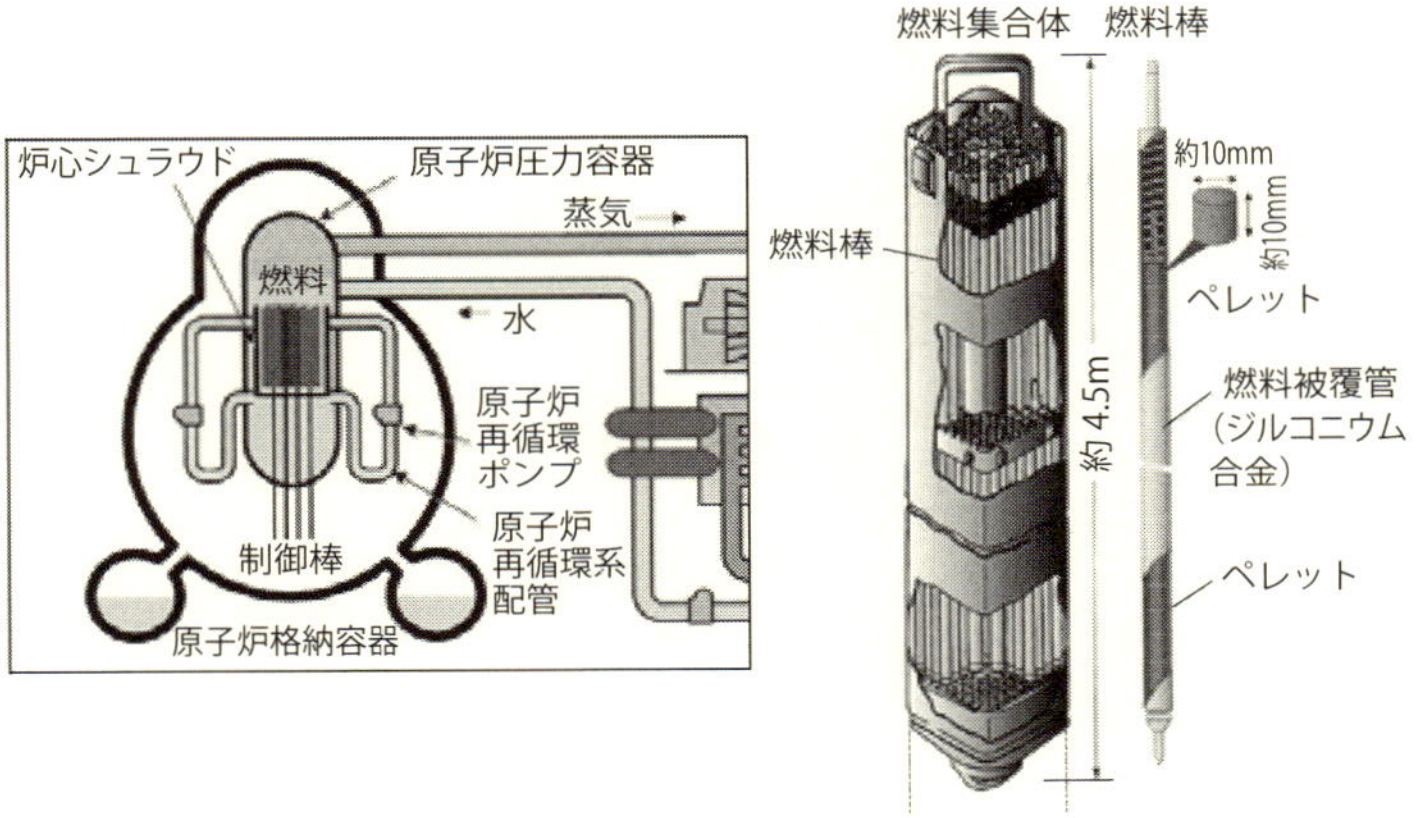

BWR の原子炉と燃料棒，燃料集合体

このジルコニウムが水とすごくよく反応する特性を持っていることです。ジルコニウムという金属に水が反応すると「ジルコニウム水反応」が起きて水素が生じる。どんどん温度があがって水がなくなると、結局炉心が溶けてしまいます。メルトダウンという大変な事態です。原子炉容器内の圧力が高まった場合には、お釜が壊れるのを防ぐため、安全弁から放射能を含んだ空気をどんどん放出します。水素もどんどん放出され、それが格納容器内にたまっています。このお釜の底が抜けるのをメルトスルーと我われは言っていますが、一号機はかなり早い段階でそれが起きたのだろうと思います。

私自身、いまでもよくおぼえていますが、三月一一日に地震が起きて、その日の夜ぐらいから、福島原発がちょっと怪しいぞという情報がきました。次の日は土曜日ですが、予定を変更して職場に行っていろいろ情報を集めると、非常用電源がやられて格納容器の温度圧力が上がっている、という話が入ってきました。

「ベントをやる」とニュースがありました。今では皆さんご存知でしょうが、ベントとは格納容器が壊れるのを防ぐためのガス抜きです。そのとき私らが何を思ったかというと、「スリーマイルと同じようなことがここで起きている」と。あの段階で原子炉の炉心に水を入れることができなくて何時間も経ったら、炉心が次第にやられていく。そして、水素や水蒸気や放射能が、格納容器(私は「だるま」と呼んでいますが)にたまって温度・圧力が上がっていく。ですから、私のところに三月一二日昼ごろに入ってきた情報では、圧力が六気圧とか八気圧になっている。設計圧力はだいだい四気圧ですから、何が怖いかといって、格納容器が壊れたら放射能そのものが外にばっと出てしまう。

電力会社は、原発には四重、五重の壁があり、放射能漏れを防いでいると説明してきました。でも、これもインチキです。放射能漏れを防ぐために作った壁は、格納容器だけです。電力会社は、「このペレットが壁です」、「燃料棒が壁です」、「圧力容器が壁です」とか言っていましたが、そんなものは、「車のエンジンはガソリン漏れを防ぐための壁です」と言っているのと同じです。格納容器が本当に壊れたら、その段階で「チェルノブイリになる」と思って、私はテレビニュースを見守っていました。

三月一五日に「福島はチェルノブイリになった」と確信

それで三月一二日に一号機の水素爆発が起きました。私はその時二つのことを考えました。水素が建屋に溜まる水素爆発と、もう一つは圧力容器が底抜けしてメルトスルーした金属の塊が、下へ落ちて起きた水蒸気爆発です。でも、水蒸気爆発ならば、格納容器の上部分が吹っ飛ぶだろうと言われていました。我われはそれを経験していないのでわからなかったわけですが、じっとテレビの画面を見ていると、格納容器の頭はどうも残っているので水素爆発だろうと推測をしました。ということは、まだ格納容器が残っているはずだから、なんとしても冷やし続けてほしいと思いました。実際起きたことは、「だるま」の中の圧力が上がって、つなぎ目や配管から、放射能や水素が漏れて、建屋の天井にたまってドカンといったというのが水素爆発です。一、三号機とも一緒です。

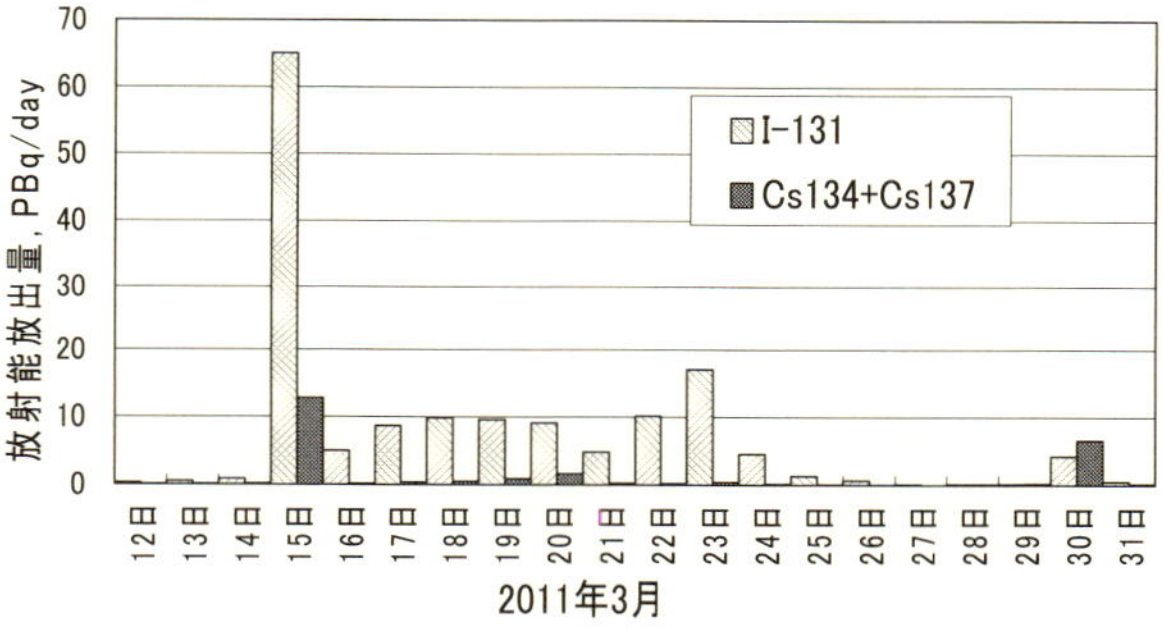

放射能放出量, PBq/day
I-131
Cs134+Cs137
12日 13日 14日 15日 16日 17日 18日 19日 20日 21日 22日 23日 24日 25日 26日 27日 28日 29日 30日 31日
2011年3月

Chino et al, J Nuclear Eng (2011)のデータより今中が作成

3月15日，2号機の格納容器破壊にともなって放射能の大量放出が起きた

私が、福島はチェルノブイリのようになってしまったと確信したのは、三月一五日です。JAEA(原子力研究開発機構)の人が後に、いろいろなデータを使って放射能放出量の推定をグラフにしていますが、ヨウ素やセシウムが一五日に大量に出ています。私自身は一五日の午前一一時に、当時の菅総理と枝野官房長官が記者会見して「二号炉の格納容器が壊れたようです」と言ったのを聞いて、「ああ、福島もチェルノブイリのようになってしまった」と。格納容器が最後の壁だったわけですから、そう確信しました。

あとで考えてみるとやっぱりそうです。三月一四日の夜中くらいに二号機の格納容器の圧力が上がっている、六気圧か七気圧にずっと維持されて、朝にかけてストンと落ちた。その段階で、格納容器がどこか壊れたのだと思います。

一五日の未明から大量の放射能放出が始まって、最初の放射能は南に流れました。ずっといくと茨城、千葉をこえて東京です。東京で放射線量がどんと上がったのは一五日の午前一〇時から一一時です。東京の人が幸いだったのは、その日は晴れだったため、放射能は東京の上を流れていってほとんど地面に沈着しなかったことです。

三月一五日の午後になると風向きが西になり、それから北西になります。夕方、浪江、飯舘を通って福島市のほうに流れました。このとき何が起きたかというと雨が降りました。雨と雪が重なって、我われがプルームと呼ぶ放射能を含む空気の中から放射能が、一気に地上に落ちてしまうということが起きました。ですから、三月一二日に一号機が水素爆発したときに、南相馬は晴れだったので通過しただけですっと下がっていますが、福島や飯舘は、その放射能の雲と同時に雨と雪が重なって、大量の汚染が起きてしまった。結局、この時の大変な汚染が今でも残っています。一六日、一七日もありますが、一五日に主にこの汚染が形作られたということが、今ははっきりわかっています。

当時のことを振り返ると、福島の事故が起きて私は驚いたことはいっぱいあるのですが、汚染のデータが全くといっていいほど出てこなかったこともそのひとつです。テレビでは東大の先生などが「大丈夫です」とか「たいしたことないです」とか、のんべんだらりと言っていたのですが、どうみても大変な汚染が起きているらしい。私も、京都大学原子炉実験所という原子力施設に所属していますが、三月一五日の段階でもうボランティアを募集し、日本全国の原子力施設の研究者が現地に応援に行っているという情報が入っていました。彼らから伝え聞いたところによると、原子力施設の人たちがローテーションを組んで、モニタリングカーで出かけ何日か滞在して帰ってくる。それで何が起きたかというと「車が汚染されて大変だった」というのです。おそらく大変な汚染があるに違いない。でもテレビには何も情報が出てこない。じゃあ、自分たちで測らなければ仕方ないと私は思いました。私自身は、一五年前のＪＣＯの事故を経験していました。こういう事故が起きたとき、原子力施設は数多くありますが、自分で動けるのは実は大学の専門家しかいないのですよね。それも一五年前はまだ人数がたくさんだったのですが、今はほとんど定年になって、腰が軽い大学の専門家はほとんどいなくなってしまった。ここは自分が行っておかなくてはと思い、すぐ現地に向かいました。

広島大の遠藤暁さん、国学院大の菅井益郎さん、この二人は古い付き合いで同行してもらいました。とにかく現地に汚染の調査に行こうというとき、日大の小澤祥司さんから電話がありました。小澤さんの仲間たちは、福島の事故に関係なく、二〇年間ずっと、飯舘村に村おこしで関わってきたそうです。彼らは、飯舘村で汚染が起きているらしいと聞き、東京で支援グループを作ったのですが、放射能には不慣れだった。そこで新聞に載った私の記事を見て「一体どうなっているの？」と小澤さんが連絡をくれたのです。私が「チェルノブイリ級の汚染です。現地に入ろうと思ってます」と言ったら、小澤さんたちと一緒に飯舘村の調査に行くことになりました。三月二八日、二九日に飯舘村の公用車を出してもらい、道案内もしてもらって、ずっと測定を行ったというのが経緯です。

最初、とにかく驚いたのは、飯舘村全体が非常に汚染されていたことです。信じがたいくらいの汚染でした。中でも汚染が強かった村の南の部分です。三月二九日の長泥曲田は毎時三〇マイクロシーベルト。たぶんこの数字にピンと来る人はいないと思いますが、これは大変なものです。私が勤務する京大原子炉実験所に研究用の原子炉があります。もちろん、そこは放射線管理区域で、私もその中で実験したり、作業することがあります。原子炉の中で一時間あたり二〇マイクロシーベルトを超えるところは実験所の放射線管理部が「高放射線区域」として標識を立てています。私は普通の作業員ですから、「みだりに入るな」といわれる場所です。

長泥地区で測定しながら、私と遠藤さんは測定のプロですから、ホントに驚きました。でも、呆然として測定した数値を見ているその隣では、じいちゃん、ばあちゃんが普通に暮らしていました。私たちは土を持って帰りました。ここの高い放射線は地面から来ています。三月一五日の夕方から夜にかけて土が汚染され、それが今も継続しているのです。土にどのくらい、どのようなものが入っているかを調べました。そうすることによって三月一五日の放射線量を逆算できます。その結果、この場所でだいたい一時間あたり一五〇～二〇〇マイクロシーベルトという数値が出ました。

原子力防災システムもメルトダウン

二〇一三年、私たちは飯舘村初期被曝評価プロジェクトを立ち上げ、飯舘村の一八〇〇人に面接などによって聞き取りをさせてもらいました。私も何十人かの聞き取りをしましたが、その中で長泥地区の方の話を聞くと、「一五日の夜にね、白装束の人が車でやって来てね、でも、測った数字を教えてくれなかったんだ」とのことでした。もう、ひどい話ですよ。知っている人は汚染を知っていたのです。でも、住民は何も知らされずにほったらかしにされて、結局何カ月間もここで暮らさざるを得なかった。私は当時、「連中、データ隠しよったな」と思ったのですが、いまは、原子炉と同じく、原子力防災システムもメルトダウンしちゃったということだと思っています。どういうことかというと、政府の原子力防災マニュアルを調べたのですが、文章は実によくできているのです。オフサイトセンターというものがあり、なにか事故があったときは現地司令部になって、全ての情報を集め分析して発表すると。ところが、実際はそのオフサイトセンターも汚染され、職員が引き揚げたため、何の役にもたたなかった。

当時の政府に関係していた専門家などにいろいろ話を聞きましたが、結局だれも責任を取る気がなくて、みんなして責任逃れをしていたというのが実態だと思います。システムが健全だったら「ここに大変な汚染がある」と分かった段階で専門家を使って、そこの汚染レベルがどれくらいで、そこに住むべきか避難したほうがいいか、速やかに判断出来たはずなのです。私自身だって飯舘村に行ってすぐ判断出来たのですから。私は、原子力安全委員会がちゃんと責任を持って対応すべきだったと、当時でも今でも考えています。原子力安全委員会にはこういう緊急事態に備えて、緊急助言組織があるんです。私の知り合いもその中に何人もいます。私は「あんた、あのとき何してたの」って聞きましたら、「自宅待機していなさい」ということで、全く機能していなかった。原子力発電所は保安院の担当だとか、そういう縄張り意識云々もあったようです。緊急事態の一番の責任者である菅さんが三月一二日に現場に行ったじゃないですか。これにも仰天しましたよ。

私たちは飯舘村をずっと調査継続しています。三年半前、二年前、一年前と空間線量も徐々に下がっていることは確かです。なぜかというと、前にも触れましたが、放射能にはいろいろなものがありますが、それぞれに寿命があります。半分に減るという半減期です。グラフの三月二九日のときに強かったのはヨウ素でした。ヨウ素131の寿命は八日間なんです。八日で半分、一六日で四分の一、二四日たったら八分の一と減るわけです。このグラフを見ますと、三年前の三月二九日に、三〇マイクロシーベルトあった長泥曲田は、いまは八マイクロシーベルトくらいに下がっています。いまは放射性セシウムが主な放射能です。セシウムには二種類あり、１３４と１３７。いま、福島の周りを汚染している放射能は(もちろんほかのものも少しはありますが)、基本的にはこの二つだと思ってまず間違いありません。セシウム１３４の半減期が二年なので少しずつ減っています。あと、二、三年するとだいぶ減ってきます。セシウム１３７の半減期は三〇年ですから、そこからは五〇年、一〇〇年を見込んだ話になります。ちょっとおもしろい、というと変ですが、このグラフに二という(低めの数値)のがあります。これは何かというと二〇一四年の三月一五日、一六日に飯舘村にいったとき、四〇センチの雪があったのです。雪、要するに水の遮蔽効果で放射線量がこれくらいになっていたわけです。

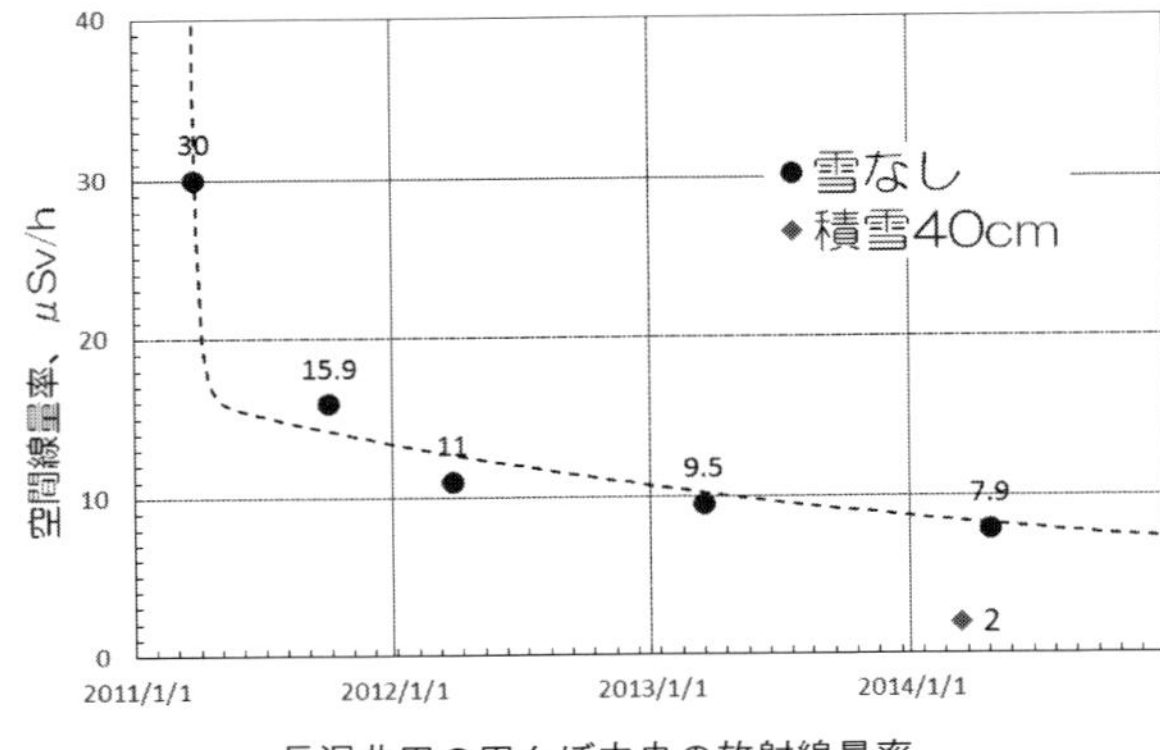

長泥曲田の田んぼ中央の放射線量率

泥沼状態の福島原発

次に福島原発が今どうなっているか、です。私は事故が起きるまで東電はもっと立派な会社だと思っていたが、とにかくひどい。一番驚いたのは、社長になっていた人があんなにお粗末だったこと。まあそれは置いておくとしても、東電の対応を見ていると、結局、自分たちの希望的観測に基づく話が続いています。「水が漏れてるんじゃないの?」というのは最初から疑われていましたが、東電は「漏れてない。大丈夫」と言っていたのが、「やっぱり漏れてました」って言い始めた。この汚染水の問題は、大変なことになるということを彼らも最初から知っていたわけですから、事故の直後から抜本的な対策を考えていなければいけなかった。何が大変だといって、壊れた原子炉の中がどうなっているかがわからない。先ほども言いましたが、燃料がどこでどうなっているかわからないし、崩壊熱でいまでも発熱しているし、大変な量の放射能があります。たとえば一号機なら、今現在でも、一五〇キロワットくらい。二、三号機については二〇〇キロワットくらいの熱が出ている。メルトダウンした炉心からの崩壊熱を除去するためには今でも冷却のために、水を入れ続けていかないと何が起きるかわからない。とにかく三年半経っても現場検証ができていないというのが、原発事故のもの凄さです。おまけに建屋に地下水が流れ込んで、毎日およそ四〇〇トンもの放射性廃水が増えていく。もう四〇万、五〇万トンの水がたまってしまって、仕方がないから凍土壁で周りを凍らせようとしていました。でも、どうも凍らないということで大変です。とにかく三〇年、四〇年先になっても、始末がついているかどうかわからないという、とてつもない事態です。

放射能汚染と向き合う時代に

次に放射能汚染の話をします。チェルノブイリはウクライナの首都キエフからだいたい一〇〇キロ

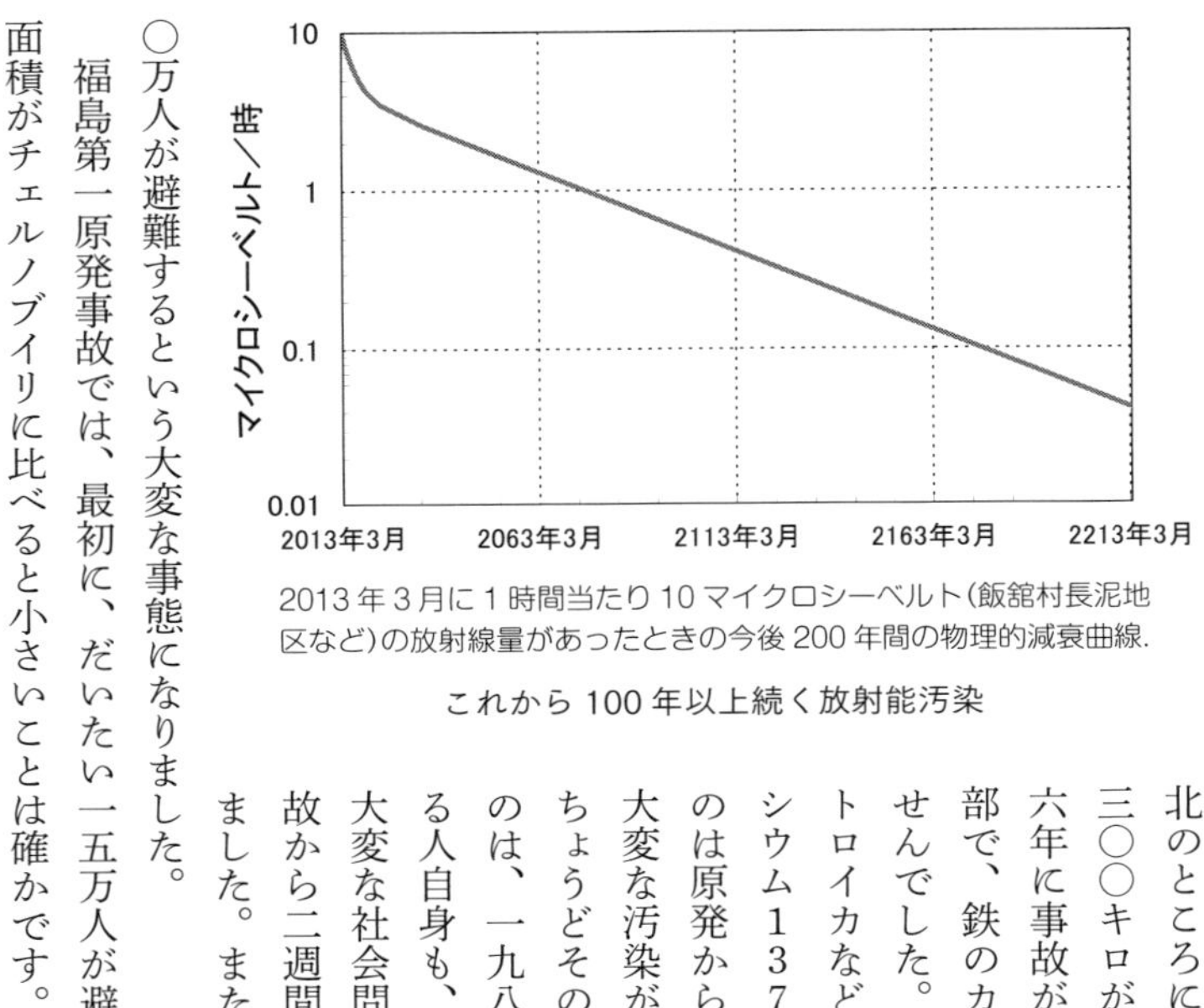

2013年3月に1時間当たり10マイクロシーベルト(飯舘村長泥地区など)の放射線量があったときの今後200年間の物理的減衰曲線.

これから100年以上続く放射能汚染

北のところにあります。モスクワからは六、七〇〇キロ。三〇〇キロがベラルーシの首都のミンスクです。一九八六年に事故が起きましたが、当時ウクライナはソ連の一部で、鉄のカーテンといわれ、情報はほとんど出てきませんでした。それが一九八九年、ゴルバチョフのペレストロイカなどを経て、ソ連がガタつき始めて、初めてセシウム１３７の詳しい汚染地図が出てきました。驚いたのは原発から二〇〇キロ、三〇〇キロも離れたところに、大変な汚染があるということ。放射能が流れて行って、ちょうどそのときに雨が降ったのです。もう一つ驚いたのは、一九八九年になるまで、この汚染地域に住んでいる人自身も、汚染のことを知らなかったということで、大変な社会問題になりました。三〇キロ以内からは、事故から二週間くらいで、一二万人ほどが強制避難していました。また、あらたに汚染が明らかになり、さらに二〇万人が避難するという大変な事態になりました。

福島第一原発事故では、最初に、だいたい一五万人が避難していると申し上げました。陸上の汚染面積がチェルノブイリに比べると小さいことは確かです。で、一番の違いは何かというと、福島の場合は放射能の半分は海の方向に流れたということです。日本の上空は偏西風が吹いていますから、もっぱら主なものは太平洋に飛んでいったのです。でも、たまたま陸へ風が吹いたときに、こんなひどい汚染が生じてしまいました。ちょっと想像力を働かせれば、新潟の柏崎で事故が起きたら大変な汚染が起きかねないということは明らかだと思います。この汚染はこれから一〇〇年、二〇〇年続く話になってきます。

食品の放射能汚染レベルというのは、国の基準が一キロあたり一〇〇ベクレルになっています。私は福島に行く度にリンゴやナシを買って帰りますが、だいたい数ベクレルに今のところは収まっています。高いもので一〇とかありますが、これくらいでは私自身は気にしません。もちろん、気にする人もいますし、人それぞれの考え方です。

牛乳の放射能汚染レベルを見ると、福島で〇・三。北海道で〇・〇八とありますね。この北海道のセシウムは「福島産」ではありません。一九六〇年代の核実験の名残です。同じく大分の干し椎茸は一キロあたり六・一ベクレルありますが、これも核実験の名残です。どうやって区別を付けるかというと、福島の放射能でしたら、セシウム１３４が出てきます。その割合をみながら判断します。

一方、売っているものではありませんが、この四月に飯舘に行ったとき、ホダ木から採ってきた椎茸を測定したら、一キロあたり一五〇〇〇ベクレルにもなりました。これは、もう大変な数値です。みなさんご存知のように、山菜やきのこの類は今でも相当な数値が出るのは確かです。

急性と晩発性の放射線障害

放射線障害について少しお話しします。放射線障害は二種類に分けて考えます。放射線を一度に大量に浴びたら死にます。広島で被爆した兵隊さんは、爆心から距離にして一キロくらいで被爆、生き残って何日かして髪の毛が抜け、皮膚に斑点が出来る。骨の中にある血をつくる部分＝骨髄細胞は放射線に対して敏感ですから、大量の放射線を浴びてこの細胞が全滅してしまうと血を作れなくなるのです。この兵隊さんは九月のはじめに亡くなっています。この人の線量を大ざっぱに見積もってみると、爆心から一キロの家の中にいたとして、シーベルトという単位で示すと、五もしくは六シーベルトくらいの被曝です。四シーベルトの被曝を一度に受けると半分の人が死ぬと言われています。

これは急性放射線障害ですが、もう一つ、晩発性の放射線障害があります。

放射線というのはある意味一個二個と数えることが出来るわけですが、その一個一個の持っているエネルギーがとても強いですから、それが当たることによって我われの細胞などが破壊されてしまう。とくに我われの生物としての基本的情報がたまっているDNAが傷つくと、後々になってがんになるということがあります。がん、白血病、遺伝的障害というのが、晩発性なのですよね。この晩発的影響というのは、被曝量が少なくてもその量に応じて、我われにリスクをもたらすという考え方です。そういう意味では「確率的影響」という言い方もします。一方、急性放射線障害というのは、大量に浴びた時に確実に出てくるので「確定的影響」と言われています。

ですから、福島のように低線量被曝の場合は、がんになる割合が被曝量に応じて少しずつ増えていく。チェルノブイリ事故で被曝し重体になった原発職員や消防士さんは、急性放射性障害の典型です。チェルノブイリの事故のときは、運転員や消防士さんが大量の放射線を浴びて、モスクワに連れて行かれ、最高の治療を受けたのですが、亡くなりました。

日本の場合は一九九九年のＪＣＯの事故のとき、大きな被曝をされた方が三人おられました。事故があったのは九月三〇日ですけど、そのうち最初の方が亡くなったのは一二月末だったと思います。その人の被曝線量はシーベルトでいうと、一八から二〇くらいの被曝をされた。もうひとりは翌年の春に亡くなって、八か一〇シーベルトくらいでした。当時、最高の医療チームがケアをしましたが、やはり助からなかった。三人目は、二か三シーベルトで、入院されていましたが、いまは退院されておそらく存命だと思います。

福島の場合、枝野さんが言っていたように、急性放射線障害になるような被曝を周りの人たちは受けていないと私も思っています。原発の中の人は別ですけど。問題は、後々になってあらわれる晩発的影響です。日本国政府は、晩発的影響を出来るだけ減らすための措置をすみやかにとらなければいけなかったのですが、結局、原子力防災システムのメルトダウンによって、周辺の住民は余計な被曝を余儀なくされたというのが私の判断です。あまり細かいことを話している時間がありませんが、被曝した量に比例して後々になって現れるがんが増えていくということです。二〇〇五年にアメリカの科学アカデミーの関連する委員会が、「一ミリシーベルトの被曝をすることによって、後にがんが増える確率は、いろんな人の平均でおよそ一万分の一程度でしょう」という報告を出しています。

子どもたちを守るために必要なこと

これまで我われの経験の中で被曝影響として顕著に出てきたのはチェルノブイリの子どもたちの甲状腺がんです。チェルノブイリの事故は一九八六年四月二六日に起こり、いろいろな放射能が出たわけですけれど、原発事故でやっかいな放射能というのは、ヨウ素とセシウムです。なぜかというと、どちらも揮発性が高いので、原子炉の外に出ていきやすいからです。風に乗って遠くまで運ばれて、そして食べ物を汚染して身体の中に取り込まれるという可能性があります。事故の最初の頃の「主役」はヨウ素131。チェルノブイリの場合、事故発生は四月二六日ですから春たけなわです。牧草が汚染され、それを食べた牛のミルクを子どもたちが飲んで、そして甲状腺に被曝を受けました。放射性のヨウ素を身体に取り込むとどうなるか。甲状腺にたまります。なぜかというと、甲状腺ホルモンは新陳代謝や成長に関係するホルモンですが、材料にヨウ素というものが必要だからです。我われの身体は、放射性か放射性でないかを区別をしません。それを知らないで取り込んでしまうのです。

甲状腺は非常に小さく大人で二〇グラム、小さい子なら二グラムといいますから、小さなところに放射能がたまってくる。局所だけ被曝を受けるということになります。チェルノブイリの場合、事故によって子どもたちが甲状腺の被曝を受けたのは一九八六年の春のことです。その四年後くらいから、どんどん甲状腺がんが増えてきました。ウクライナの場合、いま三三八五件くらい(一九八六年〜二〇〇四年)ですが、ベラルーシやロシアを入れると一万件くらいが、これまでの甲状腺がんです。これから発見されるものも含めて二万件くらいが、チェルノブイリの事故によってもたらされるだろうと私は考えています。

福島の場合でも、甲状腺がんが増えている、見つかっているということで、いま問題になっています。果たして原発事故による影響なのかどうかについては、いろいろな議論がなされています。当局側は「これは、丁寧に調べることによって発見率があがったから見かけ上、増えているだけだ」と言っています。私としては、はっきり今の段階では結論は出ないと思います。しかし、とにかく子どもたちに甲状腺がんが増え続けていることは確かなのだから、これからますます増えるということを考えながら対策を考えていくことが一番大事だと思っています。放射線被曝の影響についての最近の論文を紹介しておきます。オーストラリアでCT検査を受けた一八歳以下の子ども六八万人を追跡調査したもので、CTを受けた数に応じて、子どもたちのガンも増えているということが報告されています。

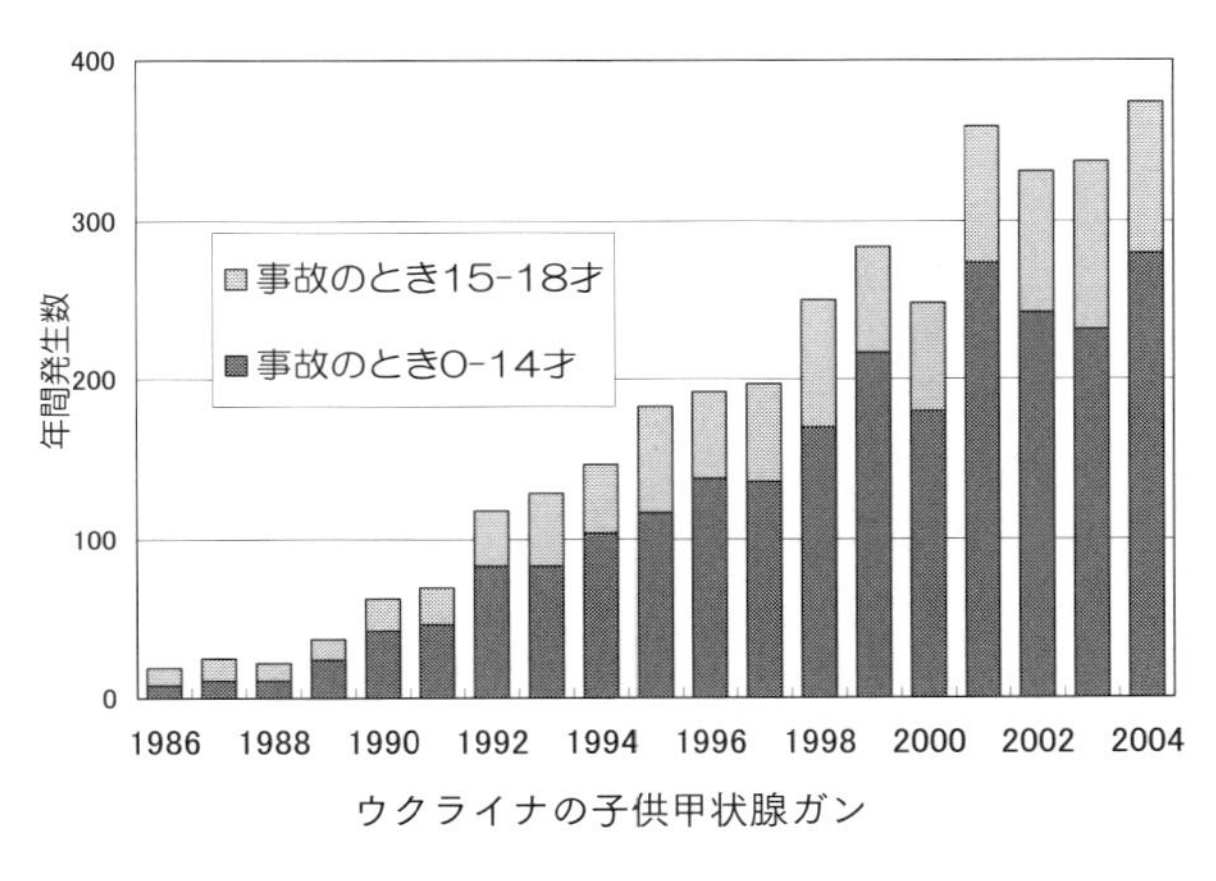

ウクライナの子供甲状腺ガン

福島で気になっているのは、長期の低レベル被曝に伴う、よくわからない〝がん以外〟の影響です。最近、チェルノブイリの現地に行く方がたくさんいますが、その人たちが帰ってくると、「チェルノブイリの周りの子どもたちは、みんな病気だ」という。私も前からチェルノブイリに出入りしているけれど「そんなことはあまりないのでは」と思うのですが、よくわかりません。アカデミー短編ドキュメンタリー映画賞も取ったドキュメンタリー「チェルノブイリハート」では、ベラルーシで生まれる子どもの八割に異常があるとしていますが、これに関しては「そんなことはないよ」とはっきり言えます。なぜかというと、私の知り合いにラジューク先生という、チェルノブイリの事故の前からずっとベラルーシの子どもたちの先天性異常を調べている先生がいます。一九八一年から二〇〇三年までの「ベラルーシの流産胎児の先天性障害」の放射線汚染地区とそのほかの地区を比較したデータを調べると、彼曰く、「一九八七、一九八八年ごろは汚染地区の障害のほうが明らかに多いので、チェルノブイリの影響があったと考えられる」というくらいで、他の年ではあまり差が見られません。ラジューク先生の見解のほうが説得力があると私は思います。

ただ、がん以外の影響についてはよくわかりません。WHOが一九九六年に調べたベラルーシの子どもの健康状態調査では、汚染地域、非汚染地域の子どもの健康状態を比べたら汚染地域のほうが病気の子どもが多いというデータがあったり、よくわからないところがあります。

よくわからないというと、琉球大の大瀧丈二先生が福島周辺の蝶の異常を調べています。ヤマトシジミという小さい蝶に、事故後、変異が起きたという論文を書いています。また北海道の秋元信一先生は、ワタムシという葉っぱにつくアブラムシのような虫をいろいろ調べてみると、福島のワタムシに奇形の発生率が高いという論文を発表しています。なにか影響があるのではないかなあということは感じられます。

福島後をどう生きるか

いろいろな汚染と、我われはこれから付き合っていかねばならないのですが、どこまでの被曝を我慢するのか、受け入れるのか。私にしたら、汚染ゼロというのは、おそらくいまや無理と思っています。どこかでそれぞれの人が判断して、自分なりに答えを出さないといけないのですが、一般的な答えはないと思います。

でも出発点としては、年間一ミリシーベルトの被曝から考えていくのが良いのではという気がしています。なぜかというと、法律に基づけば、原子力施設が周りの人に被曝させて許される線量限度は、年間一ミリシーベルトと決まっています。ほかに自然放射線というのも一年間一ミリシーベルト、我われは被曝しています。国が言っている年間二〇ミリシーベルトはかなりべらぼうな量です。なぜなら、我われのような放射線従事者に定められているのが年間二〇ミリシーベルトです。現状ではそれと同じ被曝量で、赤ん坊も子どもも含め、安全・安心とされていますが、これはやり過ぎではないかと思います。

とにかく子どもたちを守ることが必要です。そのために最低限必要なのは、福島の汚染地域については、子どもたちの登録制度をつくり、それぞれの被曝量をきちんと見積もって定期的な健康診断をすること。いろいろな病気やら鼻血やらの問題がありますが、それも福島だけでなく、汚染の少ない周りの地域も含めて子どもたちの健康状態を定期的に調べて追跡調査するシステムを作らないと、何が原因だったのかわかりません。人間は誰でも病気になりますが、病気の原因を明らかにするためには、追跡して調査していく必要があると思います。そして被曝量にかかわらず、原発事故に関する健康障害をケアするシステムを法律で作る必要があります。とにかくみなさんには、放射能・放射線についで学んで、ベクレル・シーベルトにしっかりなじんでください、と申し上げています。

私自身の感覚で言うと、私は放射線作業従事者で、放射線を扱うのを仕事にしているので、一マイクロシーベルトの被曝はあまり気にしていません。一〇マイクロシーベルトだとちょっと浴びたなあという感じです。ちなみに胸部エックス線で五〇マイクロシーベルトです。一〇〇マイクロシーベルトは、かなり浴びた被曝です。飛行機でヨーロッパを往復すると五〇から一〇〇マイクロシーベルトになりますから、客室乗務員やパイロットは被曝作業者です。

一ミリシーベルトといったら大変です。一度の作業で我われが浴びると、実験所の放射線管理部から呼び出され「お前何していた」ということで始末書になります。一マイクロシーベルトの一〇〇〇倍ですから。そして、さらに一〇〇〇倍の一シーベルトになると、それはもう、先ほど申し上げた急性放射線障害の対応になりますから、すぐ病院に行かねばなりません。ちなみに、私のこれまでの最大の被曝は、チェルノブイリの石棺に入ったときの三〇分で一二〇マイクロシーベルト。その次は三年前に飯舘村に調査に行った、一泊二日で八〇マイクロシーベルトです。

誰が何のために原発推進?

最後に、誰が、何が、何のために日本の原子力を進めているのかという話です。

なぜ原子力を進めてきたのか。まずはお金。利権がらみですよね。原発一基作るのに三〇〇〇億から五〇〇〇億円です。新潟県の地元紙が二〇〇七年一二月に掲載した記事では、以前の刈羽村の村長さんが、目白の田中角栄御殿に四億円もっていったという証言が明らかになりました。柏崎の原発誘致については田中角栄さんが裏で動いていたことは地元の人なら知っています。この記事が出たときは角栄さんが亡くなってだいぶ経っていますが、これは裏のお金ですよね。角栄さんが凄かったのは

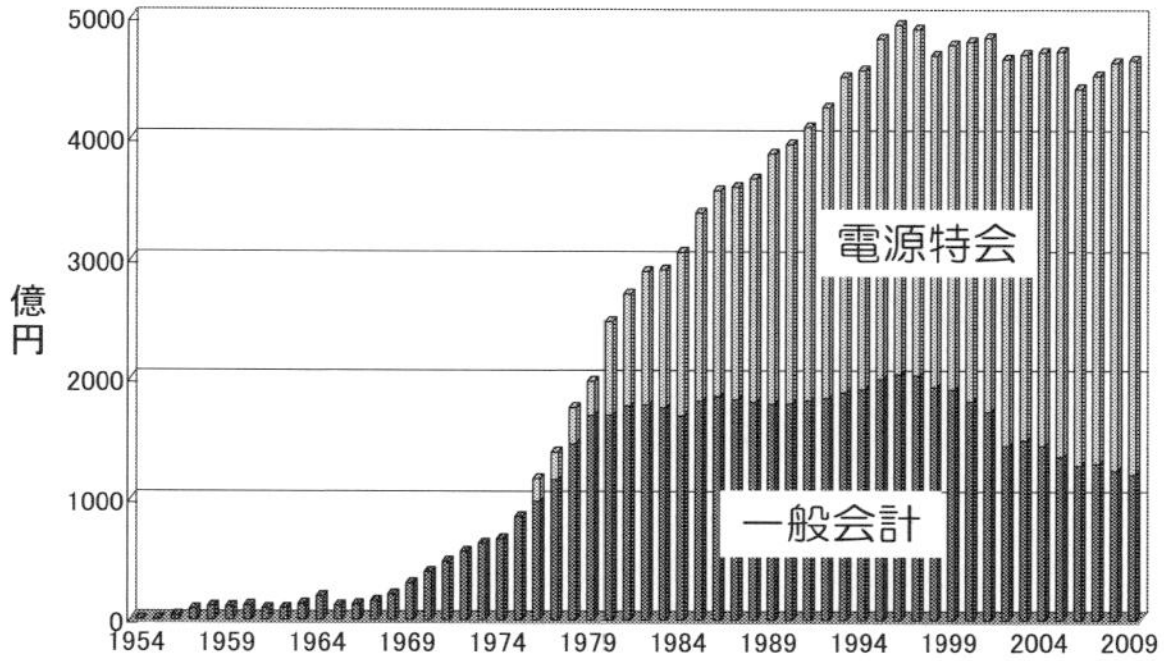

億円
5000
4000
3000
2000
1000
0
電源特会
一般会計
1954
1959
1964
1969
1974
1979
1984
1989
1994
1999
2004
2009

日本の原子力予算

表のお金、税金です。電源開発促進税というのを作り、今でも生きています。我われが電気を使って電気代を払うときに、一〇〇キロワット時あたり確か三七円五〇銭を今でも払っています。昔は電気代の領収書に書いてあったと思いますが、最近は書いていないようです。日本の原子力予算のグラフを見てください。ここにある電源開発特別会計。いまは石油税と一緒になってエネルギー会計になってますが、特別会計というのは一般会計とは別の会計です。私がみるところ、毎年四〇〇〇〜五〇〇〇億円が、国の原子力予算として使われています。いまや特別会計のほうが圧倒的に多い。これで何をしているかというと、地元のばらまき、全然動かない高速増殖炉もんじゅ、ふんづまりで動かない六ヶ所村の再処理工場、あるかどうかわからんウラン濃縮工場、あともう一つはどうしようもなく困っている高レベル廃棄物、そういったところにこのお金がドーンと入っているのです。

結局、この特別会計で、この間に一〇兆円近くの金を使って、何の役にもたっていない。それが日本の原子力開発の実態。利権で金を流す仕組みを作ってきたのです。

そういうことが許された理由の一つが核オプションだと思います。二〇一〇年にＮＨＫスペシャル「〝核〟を求めた日本」という番組が放送されました。日本には非核三原則、「原爆は作らず、持たず、持ち込ませず」があります。言い出したのは佐藤栄作首相です。後にノーベル平和賞をもらった方ですが、その裏では偉い科学者や政治学者を集めて、日本の原爆をどうするかについての基礎的研究をしていた。結論から言うと、日本が独自の爆弾を作ることは得策ではないが、いざとなったら原爆を作るための技術能力を備えておくこと。それが国策として、連綿と続いているのだと思います。実際に誰がどう動いたのかは私にはわかりませんが、今行われている核燃料サイクルが、原爆を作るための根幹の技術であることは明らかで、核オプションを睨んでいる人はどこかに必ずいるはずです。

福島の事故が起きてから、怪我の功名で、「原子力ムラ」の実態が暴かれてきました。電力会社は奇妙な会社で、独占企業で私企業なのです。公営企業なら議会などのチェックが入りますが、電力会社は私企業ですから、独占しボロ儲けしている。永田町の政治家、霞ヶ関の役人も一緒になって、鉄の三角形で原子力を進めてきた。そこに学者がぶら下がり、マスコミもぶら下がっている。福島の事故のあとも、再稼働に向けて、地元自治体も含めてお金絡みで結ばれているわけです。誰が「原子力ムラ」の村長さんか、この四〇年間ずっと見てきましたが、どうもいないようです。日本人得意の、阿吽の呼吸でムラを回しているのが本当のところだと思います。ただ五〇年前、六〇年前はいました。今でも元気な中曽根康弘さんと、亡くなった読売新聞の正力松太郎さんです。あの二人が日本の原子

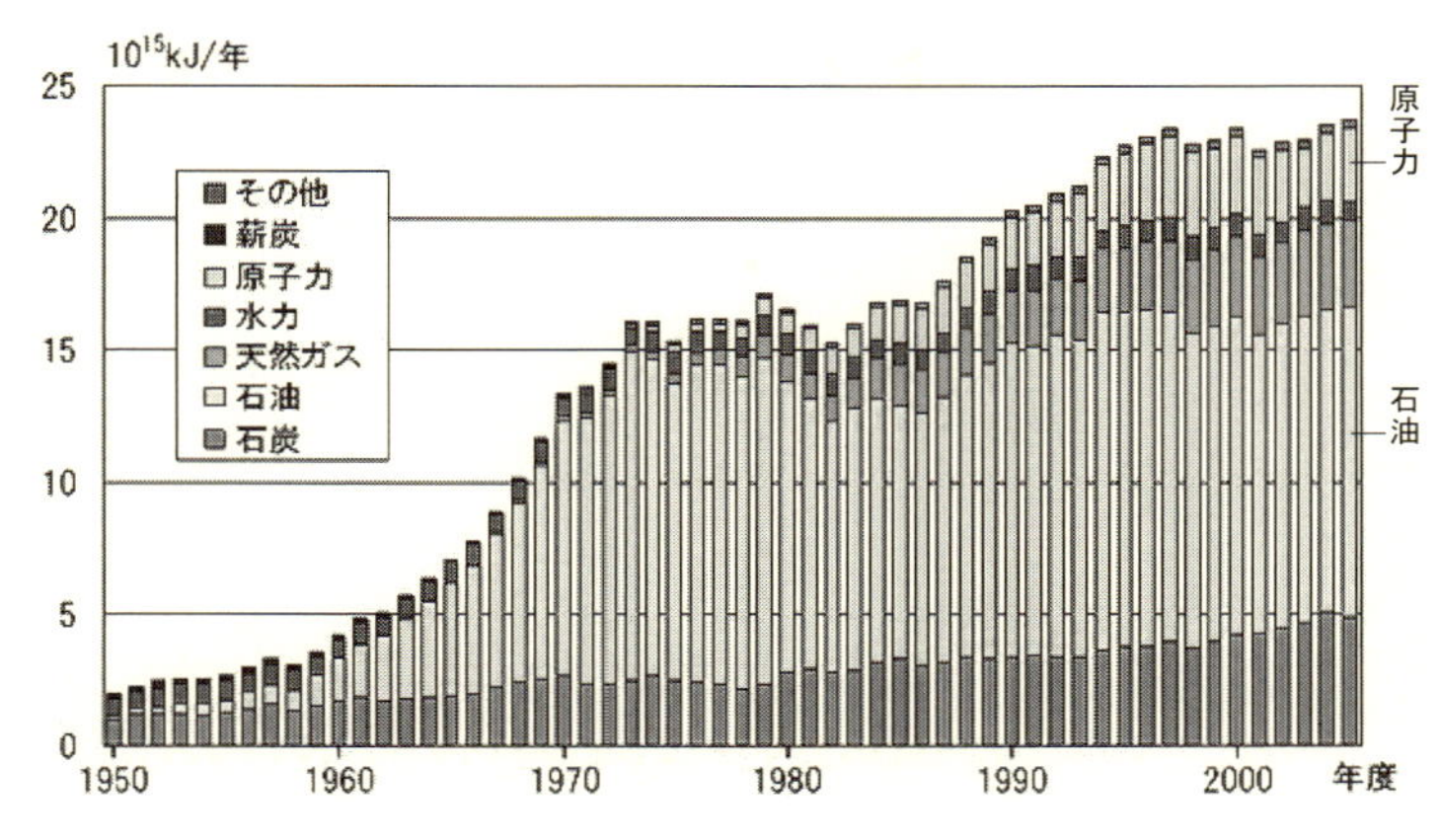

日本のエネルギー供給の変遷

出典：㈶日本エネルギー経済研究所計量分析部（編）：EDMC／エネルギー・経済統計要覧（2007年版），㈶省エネルギーセンター（2007年2月15日），290-295

力を始めたのは確かです。

この「原子力ムラ」の人たちが、「国際原子力ムラ」と結託しながら、今また復活しつつあるのです。原発なんて持った会社は、事故が起きたら吹っ飛ぶというのが本当のところですが、いつのまにか復活しつつある。

やっぱり、こんなにたくさん原発を作ったのが間違いだったという認識に立って、減らしていくのが我われの責任でしょう。この表は日本のエネルギー供給の変遷ですが、一九七〇年くらいが日本としてはちょうど良い量だったのではないかと私は思っています。これからは人口も減っていくし、スローダウンしていくべきではないかと私は思っています。とにかく、一九七〇年以降はエネルギーを使い過ぎでしょう。これからやっぱり、政治の課題、我われの社会の課題として、何が本当に大事なのか真剣に考えていくべきだと思っています。

【質疑応答】

——瀬尾さんのエピソードを聞かせていただけたら。

瀬尾さんの思い出……辛いのですが、彼は私にとって、同僚で、先輩で、なおかつ先生みたいな人です。私は、それなりに科学＝サイエンスの分野でずっと仕事をしてきたつもりで、「原子力ムラ」の学者ともお付き合いがあります。そういう「ムラ」の専門家とも自信を持って付き合えるのは、サイエンスの土俵でもきちんとやって来たからだと思っています。そのベースになるものを教えてくれたのが瀬尾さんでした。瀬尾さんと被曝評価などの仕事をしながら、「ああサイエンスというのは、こういう風にやるんだな」と教えられました。瀬尾さんが亡くなって二〇年になります。瀬尾さんが「事故が起きたらこんなふうになるのだ」と言っていた通りのことが、本当に起きてしまった。実に残念です。

（二〇一四年九月二〇日）

四

福島第一原発事故がもたらした社会状況と私たちの生き方

小出裕章

電気料金が二〇〇〇分の一？

原子力はどんなもので、私たちが何をしなければいけないのかということについて、私が何を考えているのかを聞いていただきたいと思います。タイトルは、「福島第一原発事故がもたらした社会状況と私たちの生き方」です。

私自身は初め、原子力に夢を抱いた人間です。原子力を積極的にやりたいと思いました。私が原子力をやり始めた頃は、バラ色の夢が描かれていました。一九五四年七月二日の新聞記事には何と書かれていたかを、はじめにお見せします。この年は日本で初めて原子炉建造予算というものが国会を通過して、原子力開発に社会がなだれ込んだ年でした。その時に、原子力にどんな夢がかけられていたか。

「さて原子力を潜在電力として考えると、まったくとてつもないものである。しかも石炭などの資源が今後、地球上から次第に少なくなっていくことを思えば、このエネルギーの持つ威力は人類生存に不可欠なものと言っていいのだろう」

私は完璧にこれを信じました。化石燃料はなくなってしまう。石油だって、石炭だって使っていけば必ずなくなるだろう。それなら未来は原子力だと、固く信じました。

ただ、この宣伝がまったくの誤りだったのです。この新聞記事には後半があります。こうです。

「電気料は二〇〇〇分の一になる」

なったでしょうか、みなさん。もちろんなっていないですよね。原子力発電をやれば、電気代の値段がつけられないくらい安くなると私は聞かされましたし、二〇〇〇分の一になると新聞にも書いてあるけれども、決してなりませんでした。いまや日本は世界一高い電気代の国になりました。

さらに、こう続きます。

「原子力発電には火力発電のように大工場を必要としない。大煙突も貯炭場もいらない、また毎日石炭を運び込み、たきがらを捨てるための鉄道もトラックもいらない。密閉式のガスタービンが利用できれば、ボイラーの水すらいらないのである。もちろん山間へき地を選ぶこともない。ビルディングの地下室が発電所ということになる」

もうみなさんわかってくださると思いますが、すべて完璧な間違いです。若狭湾の「原発銀座」に行かれた方はいらっしゃると思いますけれども、原子力発電所はお化けのような工場になりました。火力発電所よりもはるかに巨大になりましたし、決して都会などには建てられず、過疎地に押し付けてきたのです。ビルディングの地下室が発電所?「ああけっこうです、関西電力の本社ビルの地下室に作ってください」と思いますけれども、そんなことには全然ならなかったのです。すべてが幻の夢でした。

原発一基に広島原爆一〇〇〇発分のウラン

その原子力発電所ですが、いったい何をやっているか。みなさんご承知と思いますが、湯沸し装置です。水を沸騰させて蒸気を発生させる。それで機械を動かすという一種の蒸気機関です。火力発電

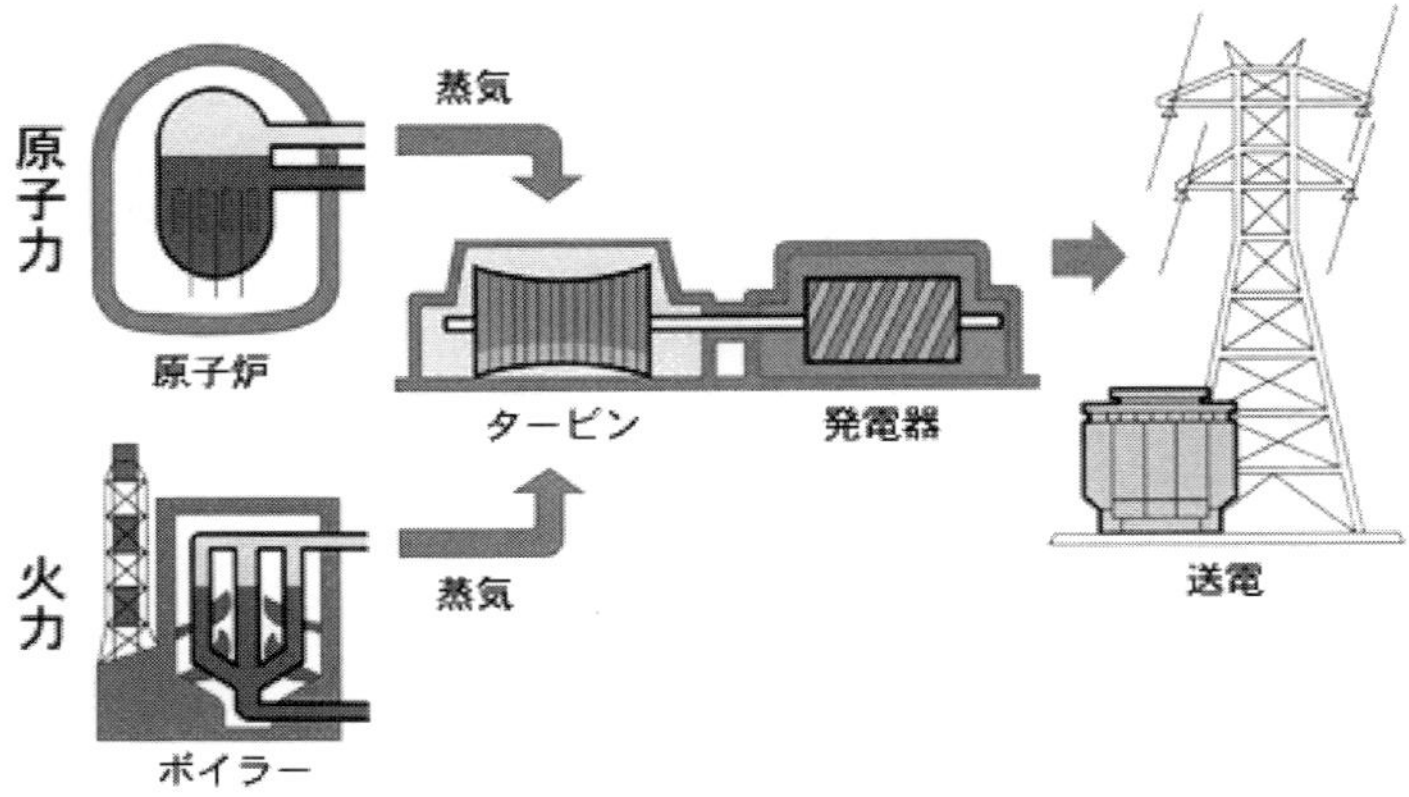

原子力発電は効率の悪い蒸気機関

所の場合は、パイプの中に水を流し、その水を石油、石炭、天然ガスを燃やして温めます。温められた水は沸騰して、蒸気になって噴き出してくる。それでタービンという羽根車を回して、繋がっている発電機が電気を起こす。

お湯を沸かして電気を起こすのは、原子力発電所も一緒です。

図の左上に原子炉が描いてありますが、中央に描いた薬のカプセルのようなものが、「原子炉圧力容器」と私たちが呼ぶ鋼鉄製の圧力釜です。東京電力福島第一原子力発電所の場合には、厚さ一六センチという分厚い鋼鉄製でした。その中に水が張ってあって、ウランを漬けてあります。ここでウランを核分裂させる。すると、熱が出て水が沸騰し、蒸気になって噴き出してくる。それでタービンという羽根車を回して発電するというもので、要するに、ただお湯を沸かしている機械なのです。

それでも原子力発電所だけは都会に建てることができない。なぜかと言えば、ここで燃やしているものがウランだからです。ウランを燃やして核分裂させれば、核分裂生成物という「死の灰」ができてしまう。だから都会には建てられないわけです。

私はいま、みなさんに、ウランを燃やせば、核分裂生成物ができてしまうと聞いていただきましたが、できてしまう量が猛烈な量なのです。広島の原爆が炸裂したときに核分裂したウランの重量は八〇〇グラムです。どなたでも片手で持てる、ポンポンと投げることだって容易にできるくらいのウランが核分裂したがために、猛烈なエネルギーを出し、巨大な町が一瞬にして壊滅してしまったのです。それを見て原子力はすごいものだ、このエネルギーを人間のために使いたい、未来のエネルギー源にしたい、と、私自身は思い込んでしまいました。そして、原子力発電をやりたいと思ったわけですが、そのためには、いったいどれだけのウランを核分裂させなければいけないか。今日では一〇〇万キロワットの原子力発電所が標準になりましたが、このような原子力発電所を一基、一年間運転させるためには、一トンのウランを燃やさないと発電できないのです。広島の原爆が燃やしたウランの、ゆうに一〇〇〇発分以上のウランを燃やさないと発電できない。そういう機械なのです。

このことは、まず、燃料が大量に必要になることを意味しています。私が原子力にかけた夢の中で、原子力が未来のエネルギー源になる、化石燃料が枯渇した後のエネルギー源になるというのは、まったくの誤りだったとみなさんに聞いていただきましたけれども、こんなに大量のウランを一つの原子力発電所が一年ごとに必要であるとすれば、地球上のウランはすぐに枯渇してしまうと気付いたのです。専門家なら誰でも知っていることなのです。そのことは、後でもう一度データを示して、みなさんにお伝えします。

都会に建てられない原発

そして、もう一つ重要なことがあります。八〇〇グラムのウランを核分裂させたということは、八〇〇グラムの核分裂生成物、つまり「死の灰」を作ったということです。一トンのウランを核分裂させるということは、一トンの「死の灰」を作るということになります。広島の原爆がまき散らした「死の灰」のゆうに一〇〇〇発分を超える「死の灰」を、一つの原子力発電所が一年ごとに原子炉の中に溜め込んでいく。そういう機械だったわけです。猛烈にたくさんの放射性物質ができてしまうということになりました。

私は、これ程膨大な放射性物質を原子炉の中に抱えていくような機械が、もし事故を起こしたら大変なことになるぞと思いました。大きな事故を起こす前に原子力を全廃しなければいけない、なんとしても止めたいと思い、一九七〇年から原子力発電所を止めることを目指して生きてきました。残念ながら、私の力は全く役に立たずに、福島第一原子力発電所の事故が起きてしまった。原子力を推進していた人たちだって、実は危険なのは知っていた。万が一でも事故が起きたら大変だということで、彼らはどうしたかというと、原子力発電所は都会には建てず過疎地に押し付けたらいい、という選択をしたのです。

日本のどこに原子力発電所を作ってきたかということを順番に見ていただこうと思います。一番初めは茨城県東海村、福井県の若狭湾に敦賀、美浜、次に福島第一原子力発電所、中国地方の島根、若狭湾の高浜、九州の玄海、静岡の浜岡、四国の伊方、若狭湾の大飯、福島第二、東北地方の女川、鹿児島の川内ですね。新潟の柏崎刈羽、北海道の泊、石川の志賀、青森の東通、こんなふうにできたのです。青森の六ヶ所村には、原子力発電所が一年かかって環境に排出する放射能を一日ごとに放出するという危険な「再処理工場」を押し付けようとしています。

それから福島の事故が起きる前に、日本ではもう二カ所に新たな原子力発電所を建てようという計画がありました。一つは下北半島の最北端の大間。もう一つは瀬戸内海の端っこの上関。これらはみなさんもうわかっていただけると思いますけれども、東京、大阪、名古屋という人口密集地帯からすべて離れたところから、長い送電線を敷いて東京、大阪、名古屋に電気を送ろうとしてきたわけです。電気の恩恵を受けるのは都会です。でも、危険は過疎地に押し付けてきたのです。こんな不公平なこと、こんな不公正なことは、ただそれだけの理由で認めてはいけない、と私は思います。事故は起きないなどということとは関係なく、初めからやってはいけなかったと私は思います。

でも、不幸にも事故は起きてしまいました。

非常用発電機も津波に流されて

福島第一原子力発電所の事故を起こした原子炉（次頁）です。手前に一列に並んでいる建物がありますが、これはタービン建屋です。この中にタービンと発電機が並んでいます。原子炉はその後ろ側にあります。

一番右は、一号機です。原子炉建屋の最上階が吹き飛んでしまって、骨組みだけになっています。その隣が二号機です。原子炉建屋の姿はまだまがりなりにも残っているように見えますが、この二号

事故後の福島原発

機こそが内部で最大の破壊を受けています。環境に放射性物質をまき散らした主犯人は、二号機だと、東京電力は言っています。次は三号機。やはり爆発が起きまして、最上階が吹き飛んでしまいました。骨組みだけになったのですが、一号機と違い、形を残すことも出来ないほどに崩れ落ちてしまっています。この一号機、二号機、三号機は、二〇一一年三月一一日に運転中でした。そして、巨大な地震と津波に襲われて、原子炉が熔けて、爆発してしまったというものです。

もう一つ隣に四号機があります。この四号機は運転していませんでした。定期検査に入っていたため原子炉はもともと止まっていたし、原子炉の中にも燃料はないという状態だったのですが、なぜかこの四号機でも爆発が起きて、最上階が吹き飛んでしまいました。そして注意深く見ていただきたいのですが、この四号機の場合は、最上階だけでなくて、さらにその下の階の壁もすべて吹き飛んでしまっています。今、四号機は当日運転を停止していて、原子炉の中に燃料はなかったとみなさんに聞いていただきました。

では、燃料はどこにあったのかというと、使用済み燃料プールの底に沈められていたのです。そのプールが最上階の下の階、壁がすべて吹き飛んでしまった階に埋め込まれていたのです。そこが壁がすべて抜けてしまって、大量の燃料を入れていた使用済み燃料プールが半ば壊れた建屋の中に宙吊り状態になってしまったのです。事故直後に、自衛隊のヘリが高い上空から水を撒こうとしたり、消防庁の消防団員が放水銃で水を撒いていたりした光景をご記憶かと思います。むき出しになってしまった使用済み燃料プールに、とにかく水を入れなければいけない、もし上手くいかなければ、東京すらも人が住めなくなると、原子力委員会の委員長だった近藤駿介という東大教授が報告書を出して、なんとしてもそれを防がなければいけないと作業をしていたのです。

これが原子炉建屋を縦に割った断面図(次頁)です。真ん中に薬のカプセルのようなものがあって、これが原子炉圧力容器です。中に水が張ってあって、その中にウランが漬けてあります。通常運転時は、ここでウランを核分裂させて水を沸騰させ、タービンに蒸気を送るということをやっているわけです。事故が起きて、東京電力は原子炉の運転をすぐに停止しました。つまりウランの核分裂を停止させた。そうすると、もう発電はできなくなります。原子力発電所ですけれども、自分で発電する力は失ったのです。そういう場合にどうするかというと、所外から電気をもらうという約束だったのです。しかし、所外の送電鉄塔がみんな地震でひっくり返ってしまって、電気が来なかった。まあ、そんなこともあるだろうから、非常用のディーゼル発電機を敷地の中にたくさん用意して、そこで電気を供給すれば大丈夫だと言っていたわけです。でも、その非常用発電機も津波に流されてしまって、とうとう使えなくなった。

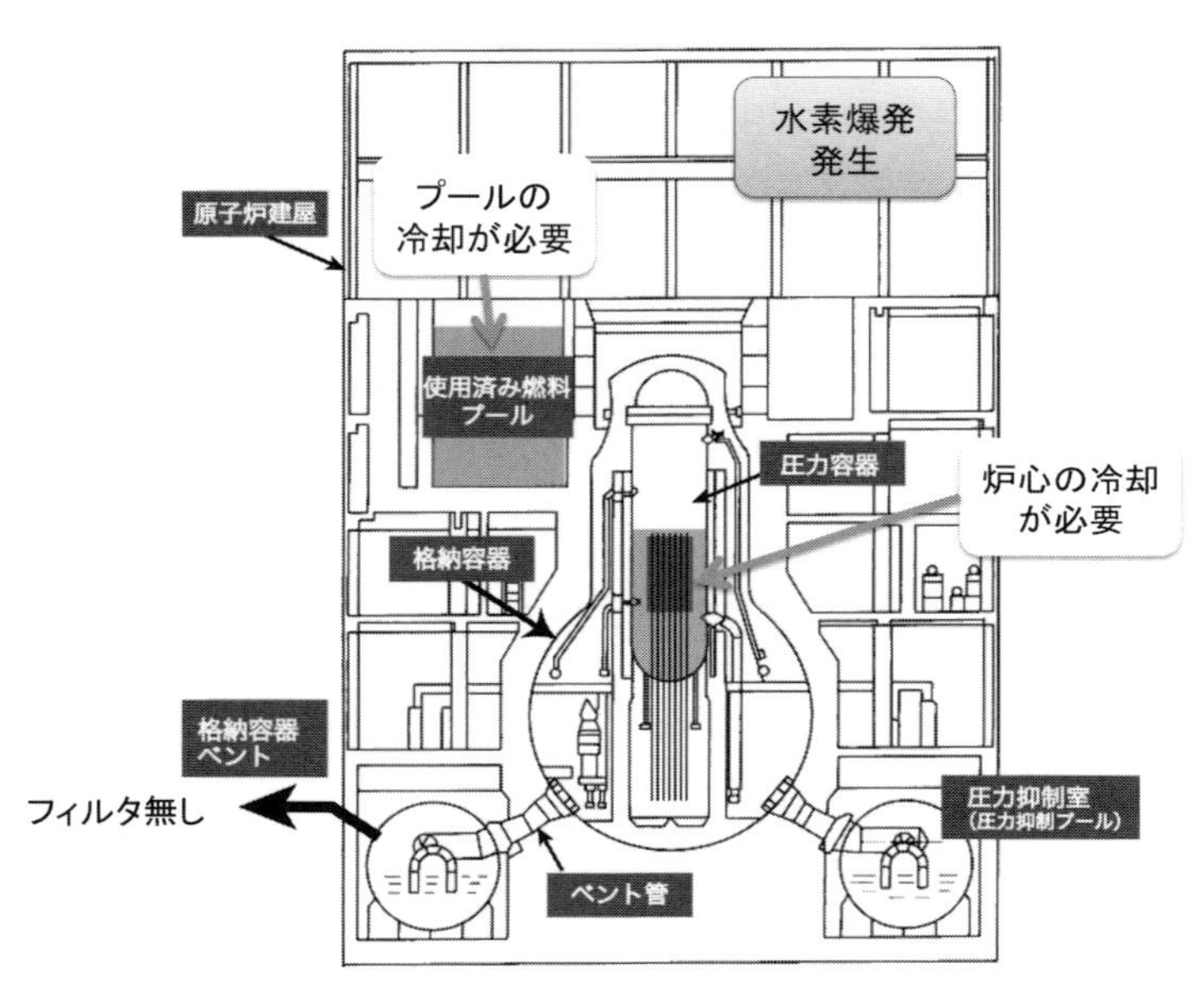

Mark-I 型格納容器

自分では発電できない。外部から電気がもらえない。非常用発電機も動かないということで、福島第一発電所はとうとう全所停電という状態に陥ってしまったわけです。

爆発と同時に「死の灰」が外へ

しかし、ここの原子炉の炉心という部分には、一年運転するごとに広島原爆のゆうに一〇〇〇発分以上の「死の灰」がたまってきている。核分裂生成物は放射線を出す能力を持っている物質ですし、放射線というのはエネルギーの塊ですから、ここに大量の放射線物質がある限りは、それ自身が熱を出し続けています。原子炉を運転しようと、それを止めようと、ここに「死の灰」がある限り、熱を出し続けてしまうということになるわけです。

いつ、いかなる時でも、炉心部分は「冷却をしなければ熔けてしまう」という宿命を持っている機械なのです。ここを冷却しようと思えば、水を送らなければいけません。水を送るためにはポンプが回らなければいけません。ポンプを回すためには電気がなければいけない。しかし、その電気がなかった。ポンプは回らないし、水も送れない。これが熔け落ちていく過程で、この炉心の中から水素が発生するという物理化学的な理由がありました。そして実際に大量の水素が発生してきた。

圧力容器をとりまく形で理科の実験で使うフラスコのようなものが描いてあります。これは「原子炉格納容器」と私たちが呼んでいますが、放射能を閉じ込める最後の防壁として設計されたものです。つまり、放射能を一切洩らさない。空気だって洩らさなければ、水だって洩らさない。そういうものだったのですが、この格納容器が地震によって、おそらく壊れていた。そして、原子炉が熔けていく過程でも、また非常に過酷な事故が進行したために、格納容器がどこかで破れてしまったのです。そうなると、ここから発生した水素、あるいは熔け落ちた原子炉から逃げてきた核分裂生成物、いわゆる「死の灰」が、この格納容器から外に噴き出した。水素は軽い物質ですので、建屋の最上部に集まって爆発し、建屋を吹き飛ばした。水素がここまで漏れてきたということは、放射性物質もここまで漏れてきたということですし、爆発と同時に「死の灰」が環境にまき散らされてしまう事態になりました。

四号機の場合には、すべての燃料が使用済み燃料プールの中に移されていました。このプールは格納容器の外側にありますから、放射能を閉じ込める機能はまったくないのです。おまけに四号機の場合は、最上部が吹き飛んでいる。壁すら抜けてしまって、プールが宙吊りになってしまっている。そういう状態だったのです。

事故から三年半以上たちましたけれども、まことに危険な状態が続いています。

放射能と闘いながら作業する原発労働者

二〇一一年、まだ当時は民主党という政権でした。事故の時は、菅直人さんという方が首相だったのですが、追い落とされて、野田佳彦さんという方が首相になりました。その野田首相が二〇一一年の一二月になって、「事故収束宣言」を出しました。私は「冗談言わないでくれ」と思いました。その時、事故はまったく収束していませんでしたし、いま現在も、事故当時に運転中だった一号機から三号機の炉心が熔けてしまって、それがどこにどんな状態であるかすらわかりません。なぜなら、現場に行かれないからです。吹き飛んでしまったのが火力発電所だったら簡単です。現場に行けばいいのです。人が行ってどこがどんな風に壊れているのかということを調べて、場合によっては直すことができる。しかし、事故を起こしたのが原子力発電所ならば、現場に行かれないのです。行ったら人間はすぐに死んでしまう。そういう現場であって行かれない。ロボットすら行こうとすると次々と壊れてしまうので、どうなっているかわからない。

もう仕方がない。これ以上、熔けてしまっては困るということで、ただただひたすら水を入れ続けてきた。三年半以上途切れることなく、「とにかく水を入れ続けよう」とやってきました。しかし、水をかけてしまえば、今度はそれが放射能で汚れた水になる、ということは当たり前で、放射能汚染水がどんどんどんどんあふれてくるという状態になってしまった。今この瞬間も、福島第一原子力発電所の敷地の中では、五〇〇〇人とも六〇〇〇人とも言われる労働者たちが、何とか放射能が海へ流れたりしないように食い止めようとして働いています。そういう人たちは東京電力の社員ではありません。下請け、孫請け、またその下の孫請けというように、八次、九次、一〇次もの下請け関係があって、順番にピンハネをしていきますので、労働者の手に渡るときには最低賃金にも満たないような給料になってしまいます。ほんとうに社会の底辺で苦しんできた労働者が、被曝をしながら放射能と闘っている状態になってしまっている。

そして、すでに大量の放射性物質が環境にまき散らされてしまいました。一〇万人を超える人たちはふるさとを奪われて流浪化です。きょうは私の講演の前に映画『シロウオ』が上映されましたが、みんなふるさとが大事だと思って生きてきたのだと思いますが、それが根こそぎなくなってしまった。「出て行け」と言われて、一〇万人を超える人たちが流浪化しているわけです。その周辺にも広大な汚染地帯が広がっています。本当ならば、「放射線管理区域」にしなければいけないような土地に、赤子も含めて何百万人という人たちが捨てられてしまうということになりました。「これからも住民たちの被曝は、ずーっと長い間続くだろう、続くしかない」と、私は思います。

そして、四号機の使用済み燃料プールは、半ば壊れた建屋に宙吊りになった状態ですが、その燃料プールの底には、広島原爆に換算すれば、一万四〇〇〇発分に相当するだろうと思うほどの核分裂生成物があります。核分裂生成物というのは、およそ二〇〇種類に及ぶ放射性物質の集合体です。セシウム１３７もありますし、ストロンチウム90というのもあります。ヨウ素１３１というのもある。キセノン133というのもある。いろんな放射性物質があるんですが、それの集合体が核分裂生成物です。私は、その中でセシウム137が人間にとって一番危険を及ぼすだろうと思っていますので、セシウム137を尺度にして、事故の大きさを考えようとしてきました。そのセシウム137を尺度にすれば、四号機の使用済み燃料プールの底には、広島原爆一万四〇〇〇発分ものセシウムが存在している。これが噴き出してくるようなことになれば、東京すら住めない。約二五〇キロ離れているわけですけれども、「もうだめだろう」と推進派もみんな考えていたという、それぐらいの危険物です。

それを何とか外に、環境に出さないようにしようと、東京電力も考えて、いろいろやってきたわけですが、二〇一三年一一月から宙吊りになった使用済み燃料プールの底から燃料を吊り出して、隣にある共用燃料プールに移す作業を始めました。約一年たっているのですが、ようやく八割から九割まで移動できたと私は思います。まだ一割程度は残っている。つまり、広島原爆の一〇〇〇発分、あるいはもう少し多いものが、宙吊りの使用済み燃料プールの中にまだある状態です。いま、福島の周辺では毎日のように余震が起きているわけですけれども、大きな余震が起きて、半ば壊れた建屋が崩れ落ちてしまうようなことになれば、もう手がつけられなくなると思います。また、大量の放射性物質が噴き出してくるということです。その危険を抱えたまま、今というこの瞬間も存在しているのです。

広島原爆一六八発分の「死の灰」

ともあれ、四号機の使用済み燃料プールから、安全な少しでも危険の少ないところに燃料を移せたとしましょう。でも、すでに大量の放射性物質が環境にばらまかれました。いったいどれくらいばらまかれたかということを今から見ていただきます。ＩＡＥＡ（国際原子力機関）という原子力推進の国際的な団体に、日本国政府が報告書を出しました。この報告書の中に、大気中に放出したセシウム１３７の量が数字で書き込まれています。物にはどんなものでも尺度があります。長さを測るときには、何センチ、何メートル、あるいは何キロメートルと測るわけだし、重さを量るときには、何グラム、何キログラム、何トンというように量る。放射能を量るときには、ベクレルという単位で量ります。報告書の中にその数字が書かれていたので、それを見ていただきます。

まず、広島原爆が炸裂したときに、きのこ雲と一緒に環境にまき散らされたセシウム１３７の量です。8.9×10^{13}ベクレル。ただ、みなさん、数字を見ても、全然ピンとこないでしょう。では、福島第一原子力発電所からはどれだけのセシウム１３７がまき散らされたかというと、一号機だけで広島原爆六発分から七発分です。何といっても悪かったのは二号機でした。建屋を残さないほど爆発した三号機も、やはり大量にばらまいていました。当日、運転中だった一号機から三号機まで合わせると、「広島原爆がまき散らした「死の灰」の一六八発分もまき散らした」と、日本国政府が言っている。広島原爆一発分の「死の灰」だって恐ろしい。それをなんと「一六八発分も大気中にばらまいてしまった」と日本国政府が言っている。そして、これは大気中だけですから、実は汚染水として、いまこの瞬間も海へどんどん流れていっているのです。私は、この一六八発分という数字自体がたぶん過小評価だと思います。もっと大量のものを大気中へばらまいたでしょうし、海へ向かってもたぶん同じぐらいの量をばらまいたと思います。つまり、福島第一原発事故は、広島原爆の「死の灰」の何百発分もの放射能を環境にまき散らした事故だったということなのです。

大気中に噴き出した放射能は、みなさんどうなると思いますか。もちろん、空気中に出てくれば、あとは風に乗って流れる。日本という国は、北半球の温帯という地域に属していて、上空では偏西風という強い西風が吹いている。福島第一原子力発電所は、福島県の太平洋岸にありました。そこから大量の放射能が噴き出してきて、その上空では強い西風が吹いていた。いったいどうなったかというと、ほとんどの放射能は太平洋に向かって流れていったのです。

事故の直後、私のところにたくさんの方が相談の電話をかけてきました。「もう日本は怖くていたくない。どこか海外に逃げよう」と。例えば北海道、あるいは九州、西日本でもいいですけれども、汚染されていないところに住んでいた人たちが、日本は怖いからと言って、米国の西海岸に逃げたとすれば、余計に被曝をしてしまう。そういう汚染の仕方をしたのです。想像できますか、みなさん。日本の一カ所にあった工場が事故を起こすと、まき散らされた毒物が、太平洋を超えて米国を汚染する。そういう規模の事故になってしまう。それが原子力発電所の事故なのです。他の工場では決して起きないということが、原子力の場合には起きてしまいます。

東京にも広がる放射能汚染

でも、地上では西風だけでなく、北風・南風・東風の時もあり、福島を中心にして東北地方、関東地方の広大な土地が汚染されました。いったいどんなふうに汚染したのかというと、やはりこれも日本国政府が公表した地図です。東北地方、関東地方を中心とした汚染地図なのですが、福島第一原子力発電所が福島県の太平洋岸にあります。これを、中心に点線の円が二つ書いてあるのですが、内側が二〇キロ、外側が三〇キロという距離の円を描いています。なぜ、こんな円を描いたかというと、二〇キロは、日本国政府が住民に対して避難の指示を出した範囲です。バスを差し向けるから、乗って避難所に行きなさいと指示をしたのが半径二〇キロ。外側の三〇キロのところは、バスを差し向けることができないから家に閉じこもっていなさい、逃げたい人は自分で逃げなさいと指示を出したと

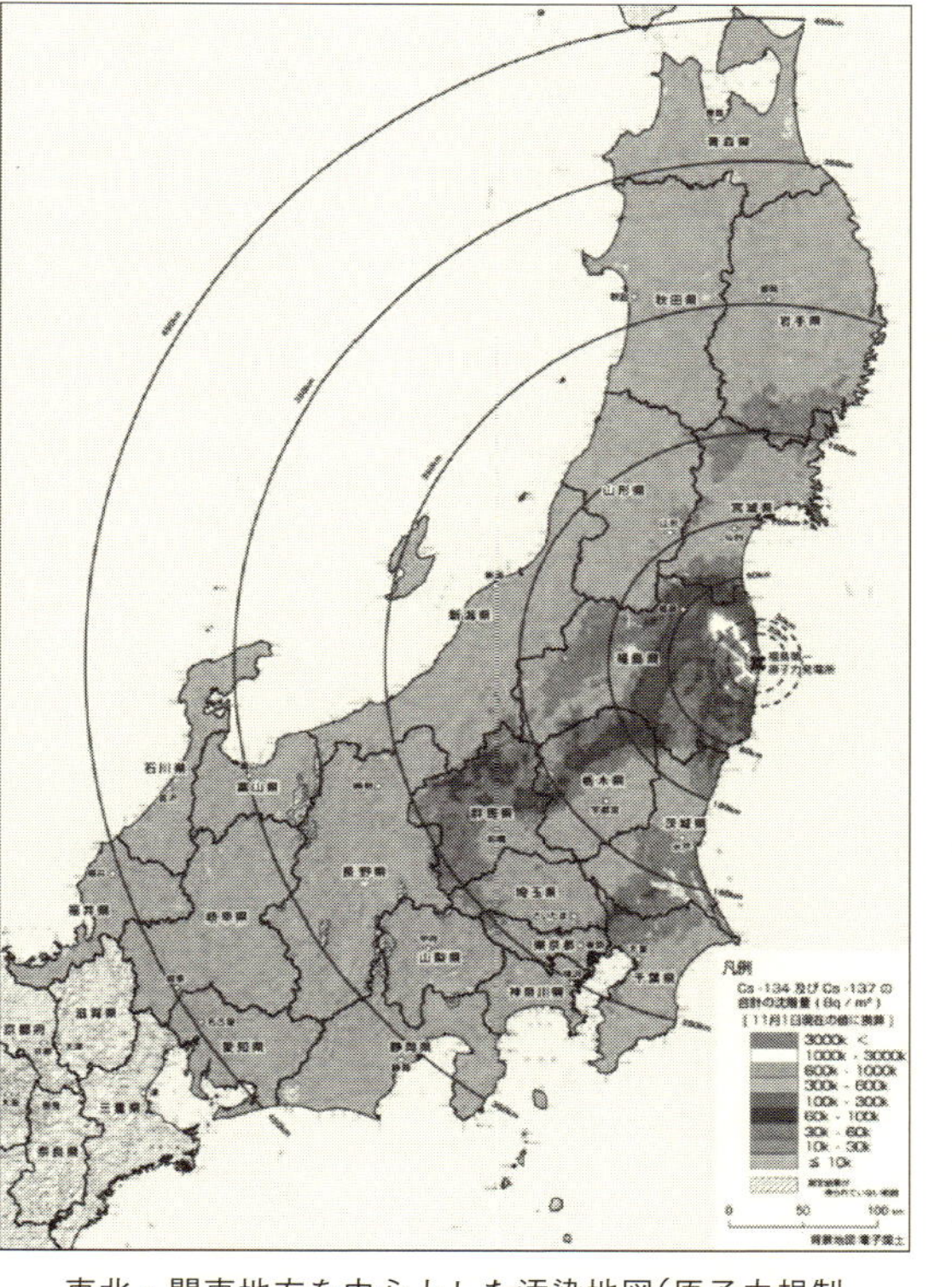

東北・関東地方を中心とした汚染地図(原子力規制委員会「地表面における Cs-134, 137 の沈着量, 2011 年 11 月 19 日」

ころです。日本国政府が出した指示は、この三〇キロまで。それ以外の地域の人たちには何の指示も出さないまま事故が経過していきました。

事故が起きた直後は、地上では北風が吹いていたために放射能の雲は南へ流れていきました。福島県の浜通りと呼ばれている一帯を汚染して、茨城県との県境を超えて茨城県の北部を汚染しました。一時期、放射能の雲は太平洋に抜けたのですが、また茨城県の南部で陸地に戻ってきまして、霞ヶ浦一帯、千葉県の北部、そして東京の下町の一部を汚染に巻き込むということになりました。一時は、南東の風が吹いていたことがありました。放射能の雲が北西にずっと流れ、原発から四〇キロ、五〇キロ先までもが猛烈な汚染に巻き込まれてしまいました。なぜかというと、放射能が流れてきたときに、この地域で雨と雪が降ったからです。広島の原爆がさく裂したときに、黒い雨が降ってきて、人びとがまた被曝したということを井伏鱒二さんが小説に残してくれていますし、映画にもなっていますが、それと同じことが起きて、この地域を猛烈に汚染してしまいました。

例えば、福島第一原発から四〇キロ、五〇キロというところ。ここは福島県飯舘村という村があったところです。原子力発電所からは何の恩恵も受けない。ビタ一文もらっていない。「自分たちの村は自分たちで作る」と言って、長い間、苦闘を続けて「日本一美しい山村」と自他ともに認める村を作り上げました。そこに、ある日突然、放射能の雲が流れてきて、雨が降り汚染されてしまった。しかし、日本国政府は、飯舘村の人たちに何の警告も発しませんでした。飯舘村の住民は何にも知らないまま、猛烈な汚染地帯で被曝をしてしまいました。ひと月ほどたってから、ようやく「そこは猛烈な汚染地域だから逃げなさい」と日本政府から聞かされて、飯舘村は全村避難となってしまいました。

汚染を受けたのは、この地域だけではすみませんでした。例えば、ここは福島県の中通りと私たちが呼んでいるところです。東側には阿武隈山地があり、西側には奥羽山脈がずーっとあって、両側を山で挟まれた平坦地です。大変住みやすいということで、福島県の人口密集地はほとんどここにあります。北から伊達市、福島市、二本松市、郡山市、須賀川市、白河市というように、たくさんの人がここに住んでいたわけです。そこに放射能の雲が山間の谷を舐めるように汚染を広げていきました。

そして、栃木県の北半分も汚れているし、群馬県の北半分も汚れています。群馬県と長野県の県境には、高い山並みがあるので、放射能の雲がその山並みを越えることなく、山腹を巻くようにして、群馬県の西部を汚染しています。そして、埼玉県の西部、東京の奥多摩というようなところを汚染しているのです。

「放射線管理区域」が至るところに

今、私は、みなさんに「汚染」という言葉で聞いていただきましたが、ちょっと面倒ですが、数字でも聞いていただこうと思います。

福島県中通り、栃木県北部、群馬県北部などは、一平方メートル当たり六万ベクレルを超えてセシウムが降り積もったと日本政府が言っているところです。群馬県の西部、福島県の会津、宮城県の北部、岩手県の南部、あるいは茨城県の南部、北部、千葉県の北部、東京の一部は一平方メートル当たり三万ベクレルから六万ベクレル、セシウムが降り積もったと日本政府が言っているところです。いったいそれがどの程度の汚染なのかということをみなさんにわかっていただきたいので、比較の例を聞いていただきます。

私は京都大学原子炉実験所で働いています(講演当時)。と言うと、みなさん、私が京都に住んでいると思う人がほとんどですが、そうではありません。原子炉実験所という名前の通り、原子炉があります。原子炉は人が住むところには建ててはいけないとされ、京都大学原子炉実験所は京都の街中には建てることができなかった。私の職場は大阪府泉南郡熊取町という、もうすぐ和歌山県という所にあります。今から五〇年以上前になりますけれども、住民を騙すようにして土地を買い上げて、一〇万坪の敷地の中にいろんな建物が並んでいます。その中でも、放射能を扱っていいという建物はごくごく限られているし、その建物の中でも放射能を取り扱っていいという部屋は厳密に区切られています。そこは「放射線管理区域」と呼ばれています。みなさんは入れません。普通の人が入ることを許されないというのが放射線管理区域です。

私は仕事柄、放射線管理区域に入ります。入るけれども、私が放射線管理区域に入った途端に、私は水を飲むことも、食べ物を食べることも許されない。もちろん寝てはいけない。放射線管理区域の中で生活することは絶対ダメだという所です。でも、私は仕事だから入ります。できれば、なるべく早く出たいと思うのですが、管理区域の出口にはドアが閉まっている。そのドアを開けるためには、放射線管理区域で仕事をした私の体が放射能で汚れていないかを測定しない限りは、ドアが開かないという仕組みになっている。管理区域の中で放射能を扱った私の実験器具が汚れているかもしれない。私の手が汚れているかもしれない。そのまま管理区域の外に出てしまえば、普通のみなさんを被曝させることになるから、そんなことは絶対ダメだ、管理区域の出口に放射能を測定する機械が置いてあるので、それで汚染がないか調べない限りはドアを開けてやらないということになっている。では、いったいいくつの数値ならばドアが開くかというと、一平方メートルあたり四万ベクレルです。もし、私の実験着が一平方メートルあたり四万ベクレルを超えて汚染されていれば、私はその実験着をその場で脱いで、管理区域のなかで捨てるしかない。私の持ち込んだ実験器具が、仮にどんなに高価なものであったとしても、一平方メートル当たり四万ベクレルを超えて汚れていれば、それはゴミとして管理区域の中で捨てるしかない。私の手が汚れていれば、ドアが開かないので出られない。管理区域の中に除染室という部屋があって、そこの流しでもう一度、手を洗う。水で洗って落ちなければ、お湯で手を洗う。お湯で洗って落ちなければ、洗剤をつけて洗う。洗剤をつけて洗っても落ちなければ、もうしょうがない、手の皮が少しくらい傷んでも構わないから薬品を使って落とす。そうしなければドアが開かないのが放射線管理区域です。

つまり、放射線管理区域の外側には、一平方メートルあたり四万ベクレルを超えて汚染されているものは、どんなものでも持ち出してはいけない。管理区域の外側に汚染されたものは存在させてはいけないというのが、日本の法律だったし、私はその法律の下で四〇年を超えて働いてきた人間なのです。

「日本は法治国家ではない」

でも今、岩手県南部、宮城県北部から福島県の会津、群馬県西部、千葉県北部など広い範囲が三万ベクレルから六万ベクレル汚れている。福島県中通り、栃木県北部、群馬県北部などは六万ベクレルを超えているのです。それもわたしの手が汚れているというのではなくて、大地の全部が汚れているんです。想像できますか、みなさん。ここは大阪です。この建物は大阪にあるから比較的きれい。でもこれが福島だったとすれば、この建物全部が放射能で汚れている。建物から一歩出れば、道路が汚れている。郊外に行けば、田んぼがある、畑がある、山がある、林があると言ったって、それがみんな放射能で汚れている。こんなに広大なところが汚れてしまったわけです。

日本が法治国家だというのであれば、いま政府が強制避難させている区域の他、一万四〇〇〇平方キロメートルという広大なところも放射線管理区域にして、人びとを追い出さなければならない、というほどの汚染をすでに受けてしまったということです。日本は法治国家だと言われてきました。多くの方はそう思ってきたでしょう。私自身は、この日本という国はあんまりまともな国じゃない、法治国家と呼べるほどのものでもないと思ってきましたけれども、福島の事故が起きてから改めてそれを実感しました。この日本という国は、国民が法律を破ると、国家が処罰をします。それなら、「法律を作った国家が法律を守るのが最低限の義務だ」と私は思います。そして、日本の国家が決めた被曝に関する法律は、たくさんありました。例えば、普通の人は、一年間に一ミリシーベルト以上の被曝をしてはならないという法律。今聞いていただいたように、放射線管理区域からモノを持ち出すときには、一平方メートルあたり四万ベクレルを超えているようなものは、どんなものでも持ち出してはならないという法律もあったのです。しかし、それを日本の政府は――私は彼らを犯罪者だと思っているわけですけれども――自分の決めた法律をいっさい反故にしてしまうという行動に打って出ているわけです。

現在、汚染地帯に人びとが取り残されています。日本の国、あるいは電力会社、あるいはマスコミを含め、どんなことを言っているかというと、「被曝量が少なければ危険はないよ。安全だよ。安心だよ」という宣伝をまき散らしているのです。「一〇〇ミリシーベルト以下なら大丈夫」というようなことを言っているわけです。その日本政府や電力会社が依拠しているのはＩＣＲＰ（国際放射線防護委員会）という名前の組織で、私はその組織は原子力を推進するための委員会だと思っています。でも、そのＩＣＲＰすら二〇〇七年の勧告で、こう書いています。

「約一〇〇ミリシーベルト以下の線量においては不確実性が伴うものの、がんの場合、疫学研究及び実験的研究が放射線リスクの証拠を提供している」。つまり、不確実性はあるけれども、一〇〇ミリシーベルト以下の線量でも、がんということを問題にするのならば、ちゃんと疫学研究や実験で、危険があるということの証拠を提供している、とＩＣＲＰ自身が書いている。さらに、こう書いてある。「約一〇〇ミリシーベルトを下回る低線量域でのがん、または遺伝的影響の発生率は、関係する臓器および組織の被曝量に比例して増加すると仮定するのが科学的に妥当である」。一〇〇ミリシーベルトは危険だ。一〇ミリシーベルトだって危険は一〇分の一になるけれども、危険だ。必ず危険が伴うのだということをＩＣＲＰが言っている。

それなのに、日本政府、電力会社は、あたかも被曝が少なければ、安全だと言っているし、それを支えるような学者すらもいるという状態です。私は一〇〇ミリシーベルト以下の線量なら安全だと言っている学者は、すぐ刑務所に入れなければいけないと思っています。それほど重大なことです。

被曝が危険だということは、大切なことなので、みなさんどうしても忘れないでいただきたいと思います。

被曝は微量でも健康被害

今、言葉では表現できないほどのつらい出来事が福島を中心に起きているのです。この日本という国は、法令を守るならば、放射線の管理区域にしなければいけない土地に人びとを捨ててしまった。被曝は微量でも健康に被害があります。まさに実害です。必ず被害が出るのです。でも、そこに捨てられた人がいる。捨てられてしまった人たちにとっては、もちろんふるさとは大切だし。そこで住み続けたいと思うはずです。なんと国は、「逃げたい奴は勝手に逃げろ、そのかわり補償はしない」と言っているわけで、ほとんどの人は逃げられない。今日この会場に福島から逃げてきた方がいらっしゃるかもしれないけども、ほとんどの人は逃げられない。その場にとどまるしかない状態に陥っているのです。でも、毎日毎日、恐怖のなかで暮らすことはできません。何とか忘れたい。安全だと思いたい。誰もがやはり思うのです。そして国が積極的に忘れさせ、安全だと思いこませるような宣伝を振り撒いているわけです。汚染地帯に住んでいる人の間で、「汚染が心配だ」というようなことを口にすると、むしろ周りから嫌がられてしまうことになるし、逃げた人は「お前、逃げやがった」という非難を受けてしまう。被害者同士が分断されて、加害者は無傷のまま生き延びるという構造になってしまったわけです。

現在、福島に住んでいる人たちは大変です。汚染地に残れば必ず健康被害を受けます。避けることはできません。でも逃げようとすれば、今度は生活が崩壊してしまう。今日、参加してくださったみなさんだって仕事はあるでしょう。会社員もいるでしょう。自営業の人もいるでしょう。農業の方もいるかもしれない。誰もがちゃんとした生活を送るためには、それなりの場所が必要だし、代々の歴史だってあったでしょう。そこを捨てて逃げてしまえば、生活が崩壊してしまう。収入を得るために父親は汚染地に残って、母親と子供だけ逃がした人もたくさんいましたけれども、そうすると今度は家庭が崩壊してしまう。避難すれば、生活や家庭が崩壊して、今度は心がつぶれるということになってしまう。どっちをとるかで、たくさんの人が毎日毎日苦しんでいるのです。

七五〇グラムのセシウムが福島県を汚染

大気中に放出されたセシウム137、いったいどこにどんな風に降り積もったかというと、沢野伸浩さん(当時、金沢星稜大学女子短期大学部教授、故人)という方が計算してくれたのですが、どの県にどれだけ降り積もったかを見ていただこうと思います。

日本政府が大気中に放出したと言っている広島原爆一六八発分のセシウム137の総量がこの四角です。そのうち一番積もったのは、もちろん福島です。さらに栃木、群馬、茨城、宮城と、図のような量のセシウムが降り積もっていきました。これが日本の国土に降り積もったセシウムです。そして、この白抜きのところは太平洋に流れて行って、米国、カナダの西海岸を汚染したというわけです。こうして先ほどのように広大なところが汚染されたわけです。

そして、いま除染が行われています。しかし、除染というのは、汚れを除くと書くわけですけれども、汚れの正体は放射能なのであって除くことなんてできません。人間がどんなに手を加えたって放

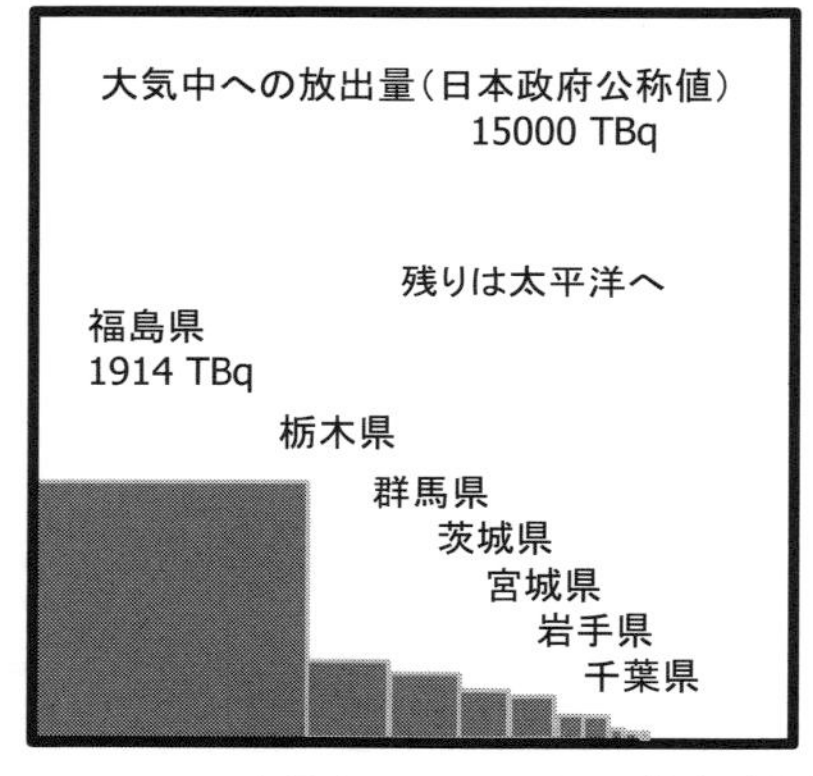

Cs-137の量[TBq]	
大気中放出量	15000
県	
福島県	1914
栃木県	180
群馬県	110
茨城県	61
宮城県	47
岩手県	13
千葉県	13
長野県	4
山形県	2
東京都	2
新潟県	2
埼玉県	1
山梨県	0
神奈川県	0
秋田県	0
総量	2351

大気中への Cs-137 の放出量と県別降下・沈着量（沢野伸浩さん〔金沢星稜大学女子短期大学部教授〕の評価）

射能は消えない。だから言葉の本来の意味で言うならば、除染はできない。できることは今ここにある汚れを隣の場所に移すということ。だから私は「移染」という言葉を使っています。でも、人びとが住んでいるこの場所の汚染だけをとにかくどこかに移したいと言って、いま自分の家の周りとか学校の校庭の土をはぎとって、フレコンバックに詰めて積み上げている。何百万袋にもうなっているわけです。それが福島県にも、宮城県にも、栃木県にも、群馬県にも、千葉県にも、もうそこら中にこういう山が積み上がってしまって、どうしていいかわからない。これは噴き出してきた放射能からすれば、ほんのごくごくごく一部です。山も移染できないし、林も移染できない。住宅地もごく一部の周りだけ移染して出たゴミがいまこんな風に積み重なっている。積み重なっている中の土とか枯れ木とか、要するにそういうものの中にセシウム１３７が付着しているわけです。フレコンバックは何年もたつと破れて、なかから草が生えてきている。こういう状態のまま積み上げられているわけです。

こういった広大な大地に降り積もったセシウム１３７の量は、沢野さんが計算してくれたのですが、放射能の単位でいうと2.4×10^{15}ベクレルです。これだけのものがばらまかれて、東北、関東地方の広大な土地が、放射線管理区域以上に汚されたわけですが、このセシウムの量を重さにするとどれだけだと思いますか。わずか七五〇グラム。ほんのわずか、掌に載せたぐらいのセシウム１３７を東北地方、関東地方にばらまいたら、福島県全部を放射線管理区域にしなければならないほどの汚染を受けるという、それが放射能というものなのです。

原子力の暴走を許してきた張本人

放射能は五感に感じないとよく言われてきました。感じるはずがないのです。私たちが「放射能」と呼んでいるものは本当は、放射性物質、つまり物質ですから、もちろん形もあれば、臭いもあるし、色だってあるのです。でも、それを感じられるほどの量があったら人間は簡単に死んでしまうので、感じられないということなのです。ほんのわずかな量だけで全部がやられてしまう。そういうものを相手に、私たちはいま闘っている。

私はよく福島に行きますけれども、行くたびに思います。放射能が目に見えてくれればいいのになあ、と。これは、柚木ミサトさんのイラストです。さっき日本国政府が示した地図の通り、大地全体が放射能で汚れているのです。でも、目に見えないから、みんなわからない。そこで子どもたちが生きているという状態になっている。私は、何としても子どもたちの被曝だけは減らしたいと思っています。その一番の理由は、子どもたちには、原子力を選択したことへの責任がないということです。今日この会場に来てくださっている方々に、私は感謝します。三年半以上たっても福島のことを忘れずに来て下さっている人たちですから、ありがたいと思います。けれども、「福島の事故を防げなかったこと。あるいは日本の原子力の暴走を許したことに何がしかの責任がある人たちだ」と、私は思っています。

柚木ミサトさんのイラスト

でも、子どもには責任がありません。そして子どもたちは被曝に敏感なのです。いったいどれくらい敏感かというデータをお見せします。放射線がん死、放射線で被曝してがんで死ぬ割合が年齢別でどう変わるかというデータがあります。一万人シーベルト当たりのがん死数というのをお見せしましょう。シーベルトというのは被曝の単位です。一万人シーベルトというちょっと変わった単位を使っているので、それを説明します。私が一シーベルトを被曝したと想像してください。私一人で一シーベルトです。私の隣に私と同じように一シーベルトの被ばくをした人を連れてくれば、二人合わせて二シーベルトの被曝です。一〇人連れてくれば一〇人合わせて一〇シーベルト。一万人連れてくれば一万人シーベルト。つまり人数を集めてきて、合計でどれだけの被曝量になるかを見るのが、この一万人シーベルトという単位です。先ほど、みなさんに「一年間で一ミリシーベルトの被曝しかしてはいけないと法律で決まっている」と聞いていただきました。その法律は、もうすでに守ることはできませんけれども、仮にみなさんが一ミリシーベルトの被曝しかしなかったということにしてください。そうすると一ミリシーベルトは一シーベルトの一〇〇〇分の一ですから、一人ひとりが一〇〇〇分の一しか被曝をしなかったとして、一万人シーベルトの被曝にするためには、逆に人数を一〇〇〇倍集めてくる必要があります。つまり、一ミリシーベルトを被曝した人を一〇〇〇万人集めてくると、一万人シーベルトになる。そういう単位です。

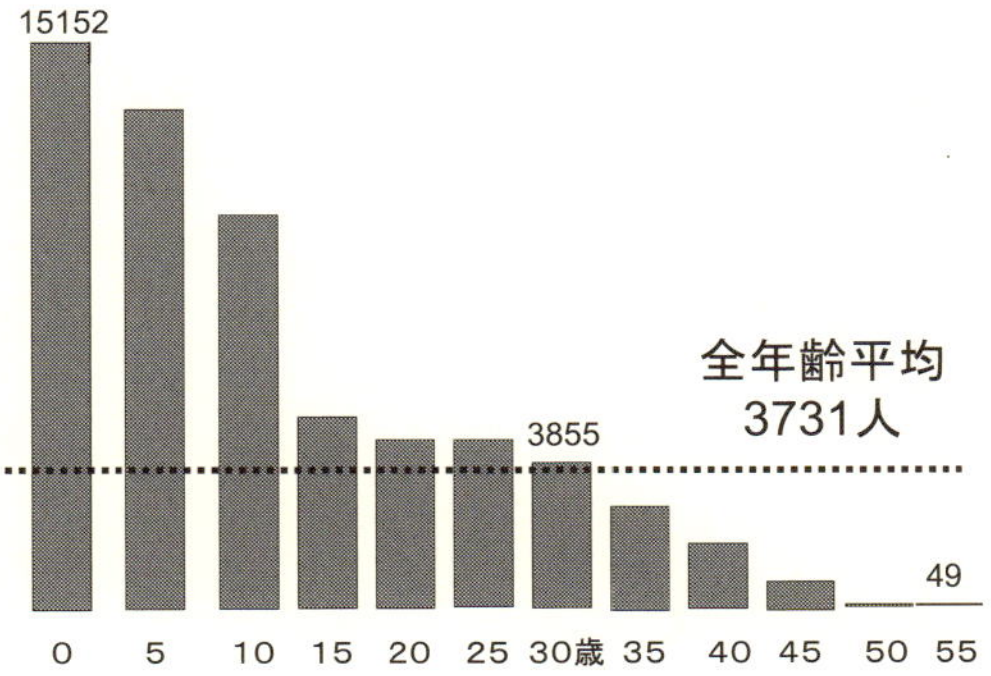

1万人シーベルト当たりのがん死数

この時に被曝をした人が三〇歳の年齢だとすると、ガンで死ぬ人が三八五五人出るという危険度です。これは、全人間の年齢を平均した時の危険度に等しい。この会場には、三〇歳よりも年齢が上の方が多いように見受けられます。もし、三〇歳の方がいらっしゃれば、自分は人間として平均的な危険度を持っていると思っていただければいいと思います。そして、人間は年を取っていくにつれ、被曝にどんどん鈍感になっていきます。なぜかと言えば、生き物としては衰えていくわけですし、細胞分裂もあまりしなくなる。成長をしない生き物なわけですから、もし被曝をして細胞に傷がついても、それが拡大していくという危険が減るのです。そして、傷を受けた細胞ががんになるまでには、潜伏期というのがあるわけですし、がんが現われるまでに、寿命がきて死んでしまうこともあるのですね。ですから、歳を取れば取るだけ被曝の危険度は減っていきます。五〇歳、五五歳になれば、帯の高さがほとんど見えない。今日この会場にいらっしゃる人は、ほとんどがこのような年齢ですので、被曝をしてもほとんど危険を負わずにすんでしまいます。でも、危険がないわけではありません。被曝は必ず危険を伴いますので、危険と言えば危険なのです。でも、平均的な危険度に比べれば、七〇分の一、八〇分の一で済んでしまうという、そういう人たちなのです。そして、私も含めて、こういう人たちが原子力の暴走を日本で許してきた張本人なのです。

子どもたちは大変です。〇歳や赤ん坊は、平均の四倍から五倍もの危険度を負わされてしまう。〇歳、五歳、一〇歳と、毎日おもしろいように成長していく子どもたちが被曝の危険度を一手に引き受けさせられてしまうということになるわけです。何としても子どもたちを被曝から守るということが大人の責任だろうと思います。残念ながら、事故はもう起きてしまったし、時間を元に戻すことはできません。先ほど見ていただいたような広範な地域で、人びとがいま被曝をしながら、生きざるを得ない状態になっています。私にできることは、このような事態を許した大人として、これからどのように生きるか、その選択しか残されていないと思います。

私がやりたいことはただ一つ。私たち大人が福島の事故を経た今どうやって生きるかといえば、「自分が被曝をしようとも、子どもたちだけは被曝から守る」ということをやるべきだと思います。

画期的だった福井地裁判決

私は、この日本という国がまともな国だとも思ってきませんでしたし、裁判制度もほんとに歪んでいると思ってきました。かつて私は伊方原子力発電所の裁判に関わったこともありました。一時期、私も裁判に期待をかけたこともあったのですが、この日本という国では裁判はもう決定的に無力だ、特に原子力というような国家の根幹をなす政策に対しては、司法は独立していないと確信をするようになりまして、裁判には一切関わらないということを明言していました。

しかし、五月二一日に大飯原子力発電所の運転差し止め訴訟の判決が出ました。福井地方裁判所の樋口英明さん、石田明彦さん、三宅由子さんという裁判官が判決を書きました。誠に素晴らしい判決でした。冒頭にこんな風に書いてあります。

「個人の生命、身体、精神および生活に関する利益は、各人の人格に本質的なものであって、その総体が人格権であるということができる。人格権は憲法上の権利であり(一三条、二五条)、また人の生命を基礎とするものであるがゆえに、我が国の法制下においてはこれを超える価値を他に見出すことはできない」

そして、先ほども聞いていただいたように、福島原子力発電所から半径二五〇キロの範囲まで、場合によっては人が住むことができなくなると、原子力委員会の委員長が報告に書いたわけで、それを引用して、半径二五〇キロ圏内の住民は裁判を起こす権利がある。原告になる権利を認めるということにしました。二五〇キロとはどれくらいの範囲かというと、沖縄と北海道の道東を除けば、日本中全部が原子力発電所の危険の下にある。

それまでは裁判というものは、原子力発電のような科学的なものを扱うときには、行政の裁量に任せる、行政の判断を尊重するのがいいんだとされていたのですけれども、福井地裁の判決は違いました。こう書いてあります。

「原子力発電技術の危険性の本質及びそのもたらす被害の大きさは、福島原発事故を通じて十分に明らかになったといえる。本件訴訟においては、本件原発において、かような事態を招く具体的危険性が万が一でもあるのかが判断の対象とされるべきであり、福島原発事故の後において、この判断を避けることは裁判所に課されたもっとも重要な責務を放棄するに等しいものと考えられる」

と、「自分で判断する」と言っています。行政なんかに任せない。司法は独立しているんだということを明言しました。

そして、次はこれです。被告は、関西電力ですね。

「本件原発の稼働が電力供給の安定性、コストの低減につながると主張するが、当裁判所は極めて多数の人の生存そのものに関わる権利と電気代の高い低いの問題等とを並べて論じるような議論に加わったり、その議論の当否を判断すること自体、法的には許されないことである」

と書いています。カネ、カネ、電力会社はそのことしか言わないわけですけれども、そんなことじゃないのだと裁判所は認めました。

そして、原子力を止めて火力発電所を動かすと石油を買うために外貨が流れると関西電力が主張していたのですが、判決は最後に次の様に書いています。

「このコストの問題に関連して国富の流出や喪失の議論があるが、たとえ本件原発の運転停止によって多額の貿易赤字が出るとしても、これを国富の流出や喪失というべきではなく、豊かな国土とそこに国民が根を下ろして生活していることが国富であり、これを取り戻すことができなくなることが国富の喪失であると当裁判所は考えている」

避難計画もなく再稼働へ

まさに、先ほど見ていただいた『シロウオ』の映画が訴えようとしていたこと、そして長い間、闘って、原子力発電所を阻止した住民たちが考えていたことを裁判所は認めて、「大飯原子力発電所を動かしてはならない」という判決を示してくれました。

それでも、日本というこの国はまだまだ諦めない。原子力規制委員会が新しい基準を作って、「その基準に川内原子力発電所が合致したら、九州電力は動かしていい」と言っているのです。しかし、彼らが作った規制基準は、事故を前提としているのです。「もともと規制基準であって安全基準ではない。絶対に安全な機械なんてない。だから安全基準は作れない、この程度の安全ならいいだろう」として、規制の基準を作った。ですから「事故は起こるかもしれない」と彼ら自身が言っている。委員会の委員長は田中俊一という人ですけれども、彼自身は規制基準に合致したことは認めたけれども、「安全だとは申し上げない」と言っている。その上、「原発事故は起こるかもしれない、でも避難計画は規制委員会の知ったことではない。それぞれの自治体が考えるべきこと」として、鹿児島県、あるいは薩摩川内市、自治体に押し付けてしまいました。

しかし、避難なんてできる道理がないのです。福島原子力発電所の事故を見てもそうでした。国の避難指示はせいぜい二〇キロ、三〇キロまでしか出ませんでしたけれども、さらに広範囲の人たちがたくさん被曝をしたということを聞いていただきました。たくさんの人たちが実は避難できないままに死んでいったということだってあるのです。

朝日新聞が「プロメテウスの罠」という連載をずっとしています。その一つに、こんな記事があったのです。「一〇日間は生きていた」という見出しになっています。地震と津波に襲われて、避難しようと言われて、逃げられる住民は逃げたわけですね。しかし、高齢だったり病気のために逃げられない人たちはその場に取り残された。そして、逃げた人たちは、その逃げられなかった人たちを何とか助けようとして戻ったのですね、一〇日後に。そうしたら、地震と津波に襲われた建物の二階で布団の中で自分の親が死んでいた。一〇日間は生きていた。でも誰も助けに来てくれないがために、死んでしまった。生きることに困難を抱えているような人たちが次々と犠牲になったということが、福島の原発事故で示されたわけですし、これから原子力発電所の事故が起きれば、自治体がどんなことをやったって、助けられない人は助からないだろうと思います。そんなことを前提にするようなことは、やってはいけないと私は思います。

ウランは脆弱な資源

初めに、私は原子力の燃料となるウランは圧倒的に少ないと聞いていただきました。これから、地下に眠る資源はどれだけあるかということを見ていただきます。再生不能エネルギー資源の埋蔵量です。再生不能というのは、掘り出して使ってしまえばそれで終わりという、石油も石炭も天然ガスもそうですし、ウランももちろんそうです。そういう資源がどれだけあるかというと、こうです。

一番多いのは石炭。左下の白抜きの四角だけの石炭が地球上にはあるということがわかっています。ただし、あるとわかっていても掘り出すのは大変です。地下深くにあるものを掘り出すのにお金もかかるし、危険も伴う。いまの技術で掘り出せる石炭はどれくらいかというと、たぶん白抜きの中の左下を塗った部分くらい。これを「確認埋蔵量」と呼んでいます。技術が進歩していけば、確認埋蔵量は大きくなっていって、最終的にはこれ全部が使えるかもしれないという量が「究極埋蔵量」です。

現在、世界全体で一年間に使っているエネルギーの総量が〇・四です。石炭の究極埋蔵量が三一〇。確認埋蔵量が二二・三ありますので、石炭の確認埋蔵量だけで、五〇年、六〇年分の資源があり、もし究極埋蔵量全部が使えるとなれば、石炭だけで八〇〇年分のエネルギーが賄えるということになります。

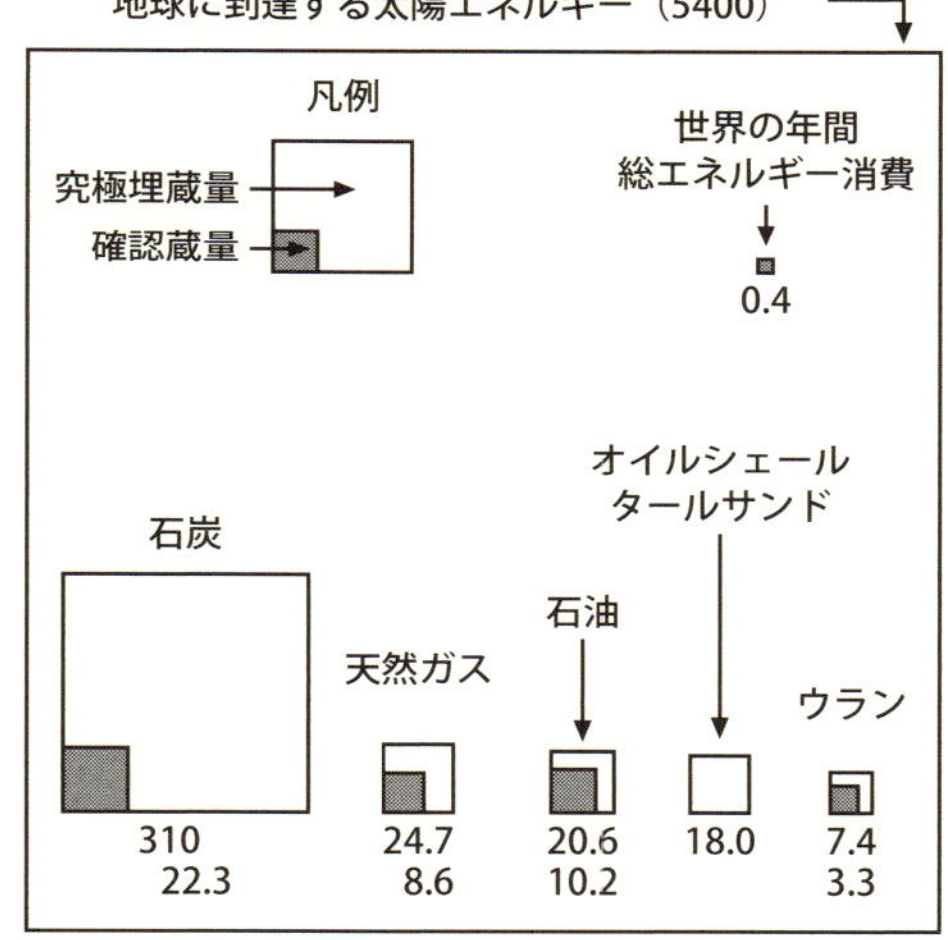

再生不能エネルギー資源の埋蔵量

数字の単位は 1×10^{21}J
上段が「究極埋蔵量」，下段が「確認埋蔵量」

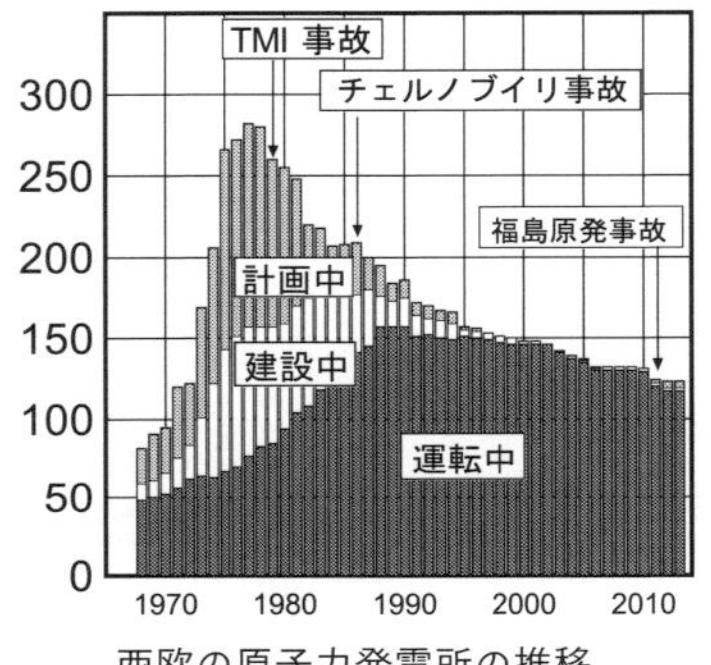

西欧の原子力発電所の推移

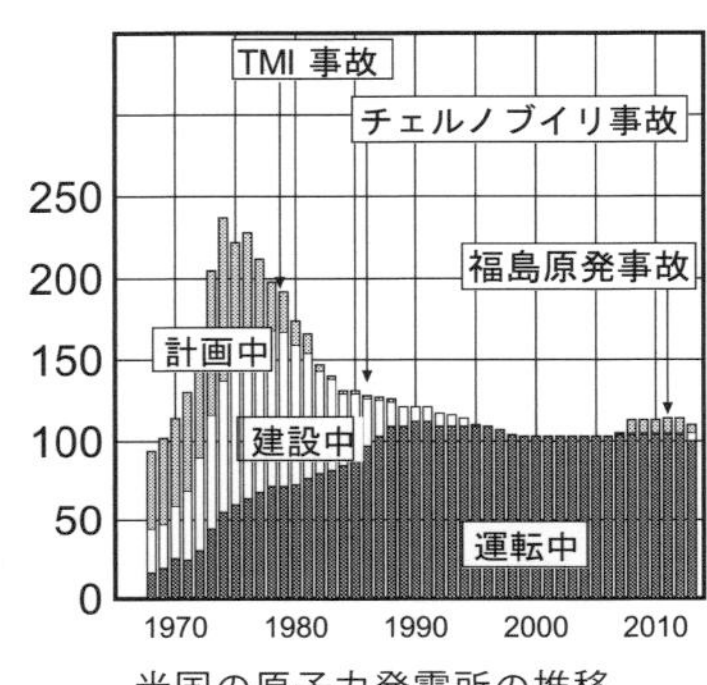

米国の原子力発電所の推移

次の資源は天然ガスです。最近新しいガス田がどんどん開発されてきて、これからこの資源はきっともっと大きくなると思います。そのほか、これまで私たちがどっぷりと浸かってきた石油もあるし、オイルシェール、タールサンドという今までは使いにくかったから使わなかったという資源がたくさんあることがわかってきて、これをいま米国、カナダでは新しい技術でどんどん開発しています。ここまではすべて化石燃料です。

そして、最初に新聞記事で見ていただいたように、化石燃料はいずれ枯渇してしまうから原子力だと言われたわけですけれども、その原子力の燃料であるウランはこれしかないのです。石油に比べると数分の一、石炭に比べれば数十分の一という、まことに貧弱な資源であって、こんなものに人類の未来のエネルギーを託すということそのものが、初めから間違っていた。さっさと夢から覚めるべきだと私は思います。そして、実は世界各国はもう夢から覚めているのです。

世界の原子力を牽引してきたのは米国です。米国では今現在一〇〇基を超える原子力発電所が動いていますし、一九六

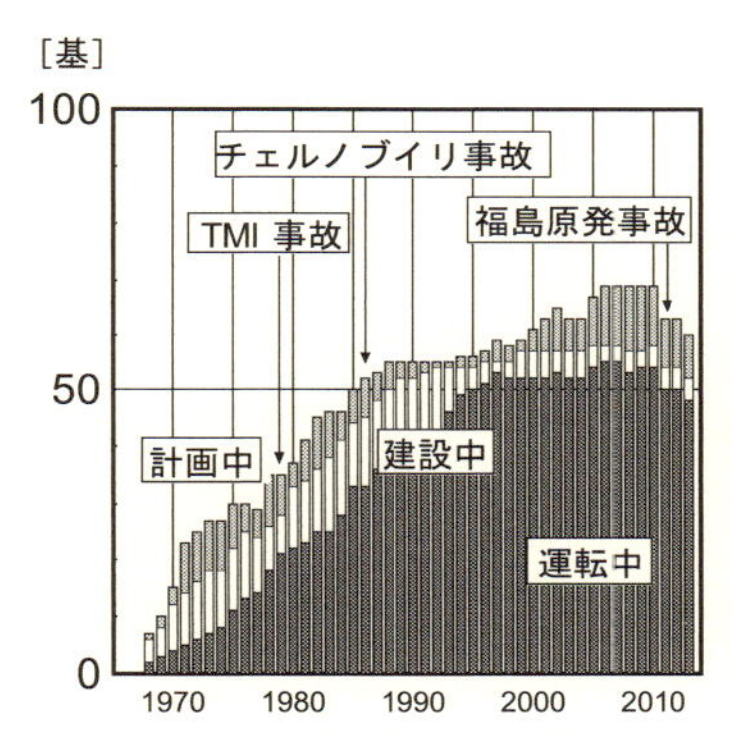

日本の原子力発電所の推移

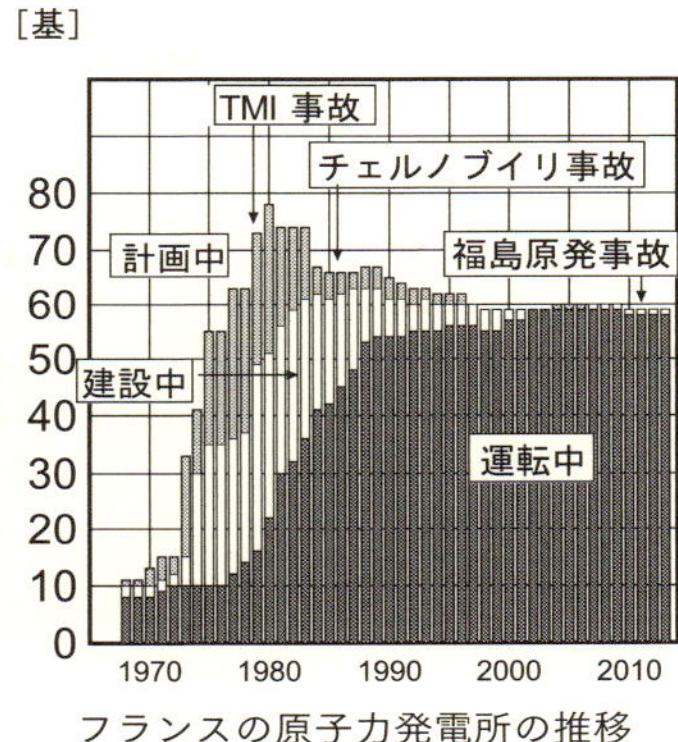

フランスの原子力発電所の推移

〇年代から七〇年代にかけて原子炉を猛烈に作ろうとしました。六〇年代後半から七〇年代の初めにかけて、たくさんの原子力発電所を運転させ、建設しようとし、計画しました。しかし、運転中、建設中、計画中の三つの合計が一番多かったのは一九七四年です。いまから四〇年も前に米国は、原子力はもうだめだと気付いて、計画中のものはすべてキャンセルしたんです。建設中のものも、九割以上完成していた原子力発電所すらキャンセルされていきました。ようやく一〇〇基を超えて原子力発電所が動きましたけれども、そのままずっと何十年も新たな原子力発電は運転できないまま来ています。そして、福島第一原子力発電所の事故が起きて、たぶん米国の原子力発電も維持の芽を止められるだろうと思います。

ヨーロッパも同じです。運転中、建設中、計画中が六〇年代から七〇年代にかけて猛烈に増えていきましたけれども、ヨーロッパでも一番多かったのは一九七七年。それを境に計画中のものはすべてキャンセル、建設中のものもキャンセル、運転中のものすらもどんどん停止していった。そういう時代に入っていったのです。ヨーロッパの中でも、「いやフランスは、まだまだ原子力やるって言っているだろう」と聞かされてきたかもしれませんが、フランスだってもうとっくの昔に止めようとしているのです。確かに七〇年代、八〇年代にずーっと作ってきたのですけれども、もう計画中は何にもないのです。これからどんどんフランスも撤退という時代に入ってくる。

遅れて原子力に参入した日本は七〇年代、八〇年代、九〇年代にまだどんどん作ってきましたけれども、もう終わりです。福島第一原子力発電所の事故が起きて、これからいくつかは再稼働はされてしまうかもしれませんけれども、もう原子力の時代は終わりということになるでしょう。

日本が原子力を進めた理由は

このように原子力に託した夢というのは、まったく幻だったわけですけれども、それでも日本が国として原子力をまだまだやると言っている、本当の理由は何なのかということを最後に聞いてもらいます。みなさんは、原子力発電は平和利用で、核兵器と関係のないものだと思われているかもしれませんが、まずそれが初めから間違いです。日本というこの国は、原子力の平和利用と言いながらここまで原子力を進めてきたわけですけれども、本音は平和利用ではなかった。核兵器を持ちたいということから、原子力に入っていったのです。ここに「わが国の外交政策大綱」という一九六九年の外務省の資料をお見せします。こう書いてあります。

「核兵器については、NPT(核不拡散条約)に参加すると否とにかかわらず、当面核兵器は保有しない政策をとるが、核兵器製造の経済的・技術的ポテンシャルは常に保持するとともにこれに対する掣肘をうけないよう配慮する。又核兵器一般についての政策は国際政治・経済的な利害得失の計算に基づくものであるとの趣旨を国民に啓発することとし、将来万一の場合における戦術核持ち込みに際し無用の国内的混乱を避けるように配慮する」

戦術核が沖縄に持ち込まれていたのは、とっくの昔に明らかになっていますが、日本政府はもともと核兵器製造の経済的、技術的ポテンシャルは常に保持すると、核兵器を作れるようにしていなければいけないという理由で原子力を進めてきたのです。従って、どんなことがあっても原子力をあきらめないというのが、この日本という国なのです。

もっと露骨に言ってくれたこんな記事もあります。外務省幹部の談話として、一九九二年の朝日新聞の記事です。

「個人としての見解だが、日本の外交力の裏付けとして、核武装の選択の可能性を捨ててしまわないほうがいい。保有能力は持つが、当面、政策として持たない、という形でいく。そのためにも、プルトニウムの蓄積と、ミサイルに転用できるロケット技術は開発しておかなければならない」

着々と日本は原子力をやって、プルトニウムを作って懐にためてきました。それからミサイル。朝鮮民主主義人民共和国が人工衛星を打ち上げるといって、何度かロケットを打ち上げました。そしたら日本の政府、あるいはマスコミは、実質的なミサイルを打ち上げたとして、撃墜しなければならないというような宣伝をして、猛烈に悪いことをしているように言うわけです。では、日本のH-Ⅱロケットはいいのですか。イプシロンはいいのですか。日本だってたくさんロケットを打ち上げている。ミサイルに転用できるロケット技術を、日本は着々と開発してきてしまったわけです。

こうやってきた日本という国は、今、福島の事故を忘れさせようとしています。これまで五七基の原子力発電所が稼動されましたが、これらは自由民主党という政権が安全性を確認したとお墨付きを与えて建設したものです。福島第一原子力発電所だって、自由民主党が安全だとお墨付きを与えました。しかし、事故を起こしたのです。それなのに誰一人、自由民主党の人は責任を取りません。取らないどころか、「これから原子炉の安全性を確認して再稼働させる」と言っているわけですし、新たな原子力発電所を作り、輸出もすると今の政権は言っているわけです。そのためには何としても福島のことを忘れさせなければいけないと彼らは思っているはずで、マスコミを含めてどんどん福島の報道が減ってきていることも、その一環だろうと私は思います。

騙された人にも責任がある

私は生きるときに一番大切なのは、自己責任を果たすということだと思います。かつての戦争の時、大多数の日本人は戦争に協力しました。先ほどの『シロウオ』という映画の中で、鈴木しずえさんが教員として「忠君愛国を教えた」とありましたけれども、ほとんどの日本人がみんな協力したのです。確かに、大本営発表しか流されなかったし、戦争を止める力は誰にもなかった。みんな騙されたのです。だから、みんなで騙されたのだから、自分は悪くないと言い訳をするようになってしまったわけです。でも、戦争中だって戦争を止めようとした人はいました。でも、そういう人は官憲によって殺されたのですね、国家の手によって。一方で、ごくごく普通の日本人が、戦争に反対する人に「非国民」というレッテルを貼って、一族郎党村八分にして抹殺していったのです。日本には、そういう歴史があった。単に騙されたというのは違うだろうと私は思います。

福島原発の事故が起きた今、私たちがどのように生きるのかを、きっと未来の子どもたちから問われると私は思います。何よりも事実を見るということが大切だと思います。戦争で日本人が騙されたのと同じように、原子力でも日本人は騙されてきました。みなさんも騙されたと思っているかもしれません。でも、騙された人たちにも責任があると私は思います。騙されたといって責任がないと言っていたら、また騙されます。騙されたということの責任をどうやって取れるかということを考えることが大切だろうと思います。そして、今日この会場にお集まりのみなさんも自分にどれだけの責任があるか。その責任をどうやって取れるかを考えてくださるとありがたいと思います。

私は今日、子どもたちをとにかく守りたいと言ったわけですけれども、子どもたちを守ってあげたいというのではありません。こんな事故を引き起こしてしまった大人として、責任のあるものとして、子どもたちを守らないようなら、もう私が私自身を許せないと思うので、子どもたちを何としてでも守りたいと願っているのです。一人ひとりの自己責任ということを、みなさんにも考えていただければと思います。

【質疑応答】

――凍土壁など汚染水対策がうまくいっていないと聞いています。地下水や海水の汚染はかなり進んでいるのでしょうか。また、打開策はありますか。

もちろん、汚染水はいまこの瞬間もどんどん海に流れて行っています。汚染水問題というのは、今から一年くらい前にマスコミに出るようになって、「大変だ、大変だ」と言って騒がれるようになったわけですけれども、実はもうそれが大間違い。放射能汚染水の問題は二〇一一年三月一一日から始まっていたし、その時点から海へどんどん流れていた。当時のことを覚えていらっしゃる方がいるかもしれませんが、福島第一原子力発電所の敷地の中には「トレンチ」とか「ピット」とか呼ばれる地下の坑道、トンネルがあるのですが、このトンネルの一部が港のところまで到達していて、そこから汚染水が海に向かって、ジャージャー流れ落ちているという箇所が、二〇一一年の四月、五月の段階でいくつも見つかっていたわけです。そこをどうしたかというと、東京電力は大変だと言って、何とか止めようとしてトンネルの中にコンクリートを流し込んだりして、そのジャージャー流れ落ちてるところは止めたのです。でも、トンネルは敷地中に走り回っているわけで、港に出てきている分の割れ目だけを止めたとしても、地震が起きてそこら中で割れていた。つまり、あのときから汚染水はそこら中にジャージャー漏れていた。

福島第一原子力発電所の敷地の中は、放射能の沼のような状態になってしまって、そこに山の方から地下水がどんどん流れ込んできていて、それが海へ向かって流れて行ってしまっているわけですから、もうどうしようもありません。私は二〇一一年の五月に地下水が、熔け落ちた炉心と接触するようになれば、もう手の打ちようがなくなるので、地下に「遮水壁」を作る。「地下ダム」と呼んだ人もいますけれども、それを原子炉建屋の周辺に張り巡らせる必要があると言ったんです。そうしたら、六月に東京電力の株主総会があって、地下の遮水壁を作ろうとすると一〇〇〇億円のカネがかかる、それを出してしまったら、株主総会を乗りきることができない、ということで東京電力は、その案を捨ててしまった。そして、何年もたってからやっぱり作らなければいけないという話になって、いま日本政府もやろうとは言っているわけですけれども、あまりにも遅かった。

そして、今、作ろうとしているのは凍土壁というものです。地面を凍らせて、それで壁を作るのですけれども、深さ三〇メートル、長さ一・四キロもあるような氷の壁を維持できる道理がない。どうせダメになります。本当にやらなければいけないのは、凍土壁ではなくて、ちゃんとしたコンクリート、鉄の壁を作るということなのです。一刻も早くそのことに気づいて工事をやってもらいたいと願っています。けれども、残念ながらいまの東京電力のやり方を見ていると上手く出来そうもないと思います。そうなれば、今までと同じように放射能汚染水が海へどんどん流れていくことになると思います。

東京電力は一部の汚染水をくみ上げてタンクに入れていると言っています。すでに四〇万トンもの汚染水がタンクにためられた状態であるわけですけれども、それだって応急タンクですので、そこら中から漏れてきているのです。時々、新聞の記事にも出ますが、あちこちから漏れている。時が経てば経つだけ、漏れの箇所も拡がると思いますし、福島発電所の敷地にはもちろん物理的な限界もあります。タンクの増設も限りがありますので、遠くない将来に私は汚染水を海へ流すと言い出すだろうと思っています。もちろん、そんなことさせたくありませんけれども、今の困難な状況をどうやったら乗り越えられるだろうと私自身が考えても、とてつもなく難しい。人類が遭遇したことのない厳しい事故が今現在進行していると、思っていただきたいと思います。

——放射能を無毒化することは可能でしょうか?

みなさん、錬金術というのをご存じでしょうか。ヨーロッパの中世という時代に錬金術をやろうとした人がたくさんいました。亜鉛という金属が金に変えられないかとか、スズが銀にならないかとか。金とか銀が欲しかったので、なんとかそれを手に入れたいと思った人がたくさんいて、猛烈に優秀な研究をたくさん行いました。金属を酸で溶かしてみたり、アルカリで溶かしてみたり、沈殿を作ってみたり、合金を作ってみたり、錯体を作ってみたりと、とにかくありとあらゆることをやって、現代の化学、ケミストリーと呼ばれるものの基礎を錬金術が作った。それほどのことをやったのですけれども、でも錬金術は敗退してしまいました。結局、元素を変えることはできません。亜鉛は亜鉛で、金は金。スズはスズで銀は銀。鉛は鉛でそんなものをお互いに変えることはできない、というのが中世の錬金術の結論でした。

しかし、錬金術はできたのです。なぜかと言えば、ウランという元素を持ってきて、それを核分裂させてしまえば、セシウムができる。ストロンチウムができる。ヨウ素もできる。金や銀や白金だって、量の多い少ないを問わなければできている。つまり、錬金術は可能だということが現代の科学ではわかっている。そうなれば、作り出してしまった放射能を現代の錬金術を施して消すことが、原理的には可能であることがわかっています。すでに七〇年以上前からわかっているのです。

人間が一番初めに原子炉を動かしたのは、一九四二年です。米国が原爆を作ろうとして、原爆材料のプルトニウムを作りたいということで、初めての原子炉を一九四二年に動かし始めました。これをやってしまうとたくさんの核分裂生成物を作ってしまうと、その時、学者はみんな知っていました。それを無毒化できなければ大変なことになると気がついて、その時から放射能の無毒化研究は始まっているのです。すでに七二年間、なんとかして無毒化したいと。もちろん無毒化したいと私も思ってきたし、原子力を進めていた人もいつかなんとかなるだろう。いつか科学がなんとかしてくれるだろうと期待しながらここまで来たのです。

しかし、七二年間研究を続けてきても実際上できない。生み出してしまった「死の灰」を、原理的には無毒化できるとしても、実際上はできない。ものすごく分厚くて高い壁がいまだにそそり立っていて、いまだに乗り越えることができません。七二年間、努力して超えられなかった壁は、たぶん今後も超えられないと私は思います。

ですから、一番大切なことは、これ以上自分で始末のできない毒物を作らないということです。まずは、原子力を止める決断をするということが一番大切だと思います。

それでもすでに長い間、私たちが原子力を続けてきてしまったがために、大量の核分裂生成物を作ってしまいました。私は今日初めに、「一〇〇万キロワットという原子力発電所が一基一年運転するごとに広島原爆一〇〇〇発分を超える「死の灰」を作ってしまいますよ」とみなさんに聞いていただいた。日本では一九六六年に原子力発電所が動いて、今日までにたくさんの原子力発電所を作ってウランを燃やして核分裂生成物を作ってきたわけですが、その総量はみなさんいくつだと思いますか。広島原爆に換算すると一三〇万発分です。どう考えていいかわからないほど膨大な毒物を私たちの世代が作ってしまったのです。電気が欲しい、豊かに生きたいといって原子力発電を選択して、私たちの世代、みなさんも含めてそれだけの毒物を作ったんです。

なんとか消したいと私は思います。その毒物を何年間、隔離しておけばいいかといえば、一〇万年、一〇〇万年という、私の子ども、私の孫、そのまた子ども、そのまた孫……という想像ができないほどの未来永劫、人類がいるかいないかもわからないような未来にわたって、毒物を私たちが残しているということなのです。そんなことは、とうてい許してはいけないと私は思いますので、私たちの世代の責任として、なんとか無毒化研究は成し遂げたいと思っています。とてつもなく難しいとは思いますけれども、諦めてもいけないとは思いますし、放射能の無毒化の研究というのは私はやり続けるべきだと思います。

できると断言はできません。断言できなくて申し訳ありませんけれども、やるべきだと私は思っております。

――今回の事故で放射能が飛散したということで、私たちの食の安全は確保できますか。大人はあえて汚染されたものを食べて応援すべきでしょうか。

先ほど、被曝というのはどんなに微量でも危険があるとみなさんに聞いていただきました。いま日本の国はどうしようとしているかというと、一キログラムあたり一〇〇ベクレルという基準を決めて、それ以上のものは市場に流さないようにするけれど、それ以下のものは「もう安全なのだから、みんな食べなさい」と言っているわけです。でも、福島第一原子力発電所の事故が起きる前に、日本のお米を含めて、ほとんどの食べ物は一キログラムあたり、〇・一ベクレルしか汚れていませんでした。一キログラム当たり一〇〇ベクレルという値は、事故前の一〇〇〇倍の汚染を何にも気にしないで食べてしまえと日本国政府は言っていることになる。被曝に安全はないのですから、一キログラム当たり一〇〇ベクレルはもちろん危険です。九九ベクレルだって危険です。九〇ベクレルだって危険。一〇ベクレルだって危険です。事故前の一〇〇倍の危険がある。なんとしても食べ物からの被曝を減らさないといけないと私は思いますし、現在の日本政府のような規制の仕方は間違っていると思います。

では、どうすればいいのかということですが、まず私の要求は、どの食べ物がどれだけ汚れているかを正確に測定してほしい、ということです。これは一キログラムあたり一〇〇ベクレル、これは九〇、これは五〇、これは一〇、これは一ベクレルというふうに、とにかくたくさんの食べ物をきちっと調べて、どの食べ物がどれだけ汚れているということをきちんと人びとに知らせることが一番大切だと思っています。

次に、知らされた後どうするかです。私は放射能で汚染された食べ物を食べたくはありません。みなさんだって食べたくないだろうと思います。しかし、食べ物には限りがあります。日本で食べられる物は、もちろん総量が決まっているわけですね。どうすればいいのかということで、私が考えたのはこういうやり方です。みなさん、「一八禁」という映画をご存じですね。一八歳以上にならないと見ちゃいけない。子どもには有害だから見せないという映画の制度があります。私はその映画の制度に実は反対なのですが、そういう制度を食べ物に対して作るべきだと思っています。「六〇禁」という食べ物を作ります。猛烈に汚れている食べ物です。六〇歳を超えた人だけが食べてもいいのです。この会場の方はかなりの方が大丈夫、そういう食べ物です。それから「五〇禁」という食べ物を作り、「四〇禁」、「三〇禁」、「二〇禁」、「一〇禁」というように順番に仕分けをしていって、子どもたちに対しては限りなくきれいなものを回すということを私は提案しています。

そして、限りある食べ物の中で子どもに安全なものを与えるということは、もちろん「大人は汚染していると承知で食べなさい」と言っているのです。私はこのことを言っているがために、たくさんの方から怒られ続けています。今日この会場にいらっしゃる方も、私の言っていることはおかしいと思う方もたくさんいらっしゃるでしょう。でも、すでに事故が起きてしまった今、時間を元に戻せない限りは、この汚染の中で生きるしかないわけです。私のやりたいことは、とにかく子どもを被曝から守るということだけだと、先ほどから何度も言っているので、そういう制度を作って、「大人はもう諦めるべきだ」と半ば私は思っています。それをやるためには、きちっと汚染を調べるということをやらなければいけないし、いま日本政府がやっている「一キログラム当たり一〇〇ベクレル以下なら、みんな食べてもいい」という制度をみなさんが認めて、食べてはいけないのです。ちゃんと日本人が汚染と向き合うということをやらなければいけないということ、そのことを一番大切にしてほしいと思います。

――亡くなられた瀬尾さんの思い出を聞かせていただけませんか。

今、熊取六人衆と表現されましたが、もともとは「六人組」と呼ばれていたのです。なんでそんな名前で呼ばれたのかというと、中国に「四人組」という文化大革命の中心を担った悪党がいるというレッテルをはられた時代でした。原子力に反対する悪党が京都大学原子炉実験所の中に六人いると後ろ指を指されて呼ばれてきたのです。そのうちの五人は、この「うずみ火」の講座に呼んでいただき、お話をさせていただきました。小林圭二さん、川野眞治さん、今中哲二さん、今日私が来て、あと海老澤徹さんが九月にやるはずでしたが、直前に脳梗塞で倒れてしまって一一月末に講演をやることになっています。

つまり、この五人が順番にこういう場でみなさんに話を聞いていただくことになっているのですが、あと一人、瀬尾健さんという人がいたのです。彼は一九九四年に亡くなってしまいました。五三歳でした。まだまだ若かったし、六人組の中でも頭の良さでは一番だったかなと思うくらい、頭のいい人でした。将来ももちろん嘱望されていましたが、残念ながらガンに侵され、若くして死んでしまいました。その瀬尾さんが、例えば原子力発電所で事故が起きたときにどんな被害が出るのかということを、原子力の現場で科学に携わっているものの責任として明らかにしたいということで、自分で膨大なコンピュータプログラムを築き上げて、事故のシミュレーションを可能にしてくれました。彼がそのときに病床まで持ち込んでいた原稿が本になって九五年に出版されました。『原発事故……その時、あなたは!』という名前の本です。いま読んでも大変新鮮な内容が書かれていますし。福島の事故がどうして起きたのかということを考えるためにも大変示唆に富んだ本だと私は思います。もし、ご興味があれば読んでいただければと思います。

（二〇一四年一〇月一一日）

五

原発事故の経過と今後

海老澤徹

安倍政権とともに復活した「原子力ムラ」

私は八月一八日に突然、脳梗塞で倒れました。しかし、治療が非常に適切だったので、八日後には、認知機能もそのまま維持した状態で退院できました。当初、この講演は九月一三日に予定されていましたが、脳梗塞になりますと、良好な場合でも二、三カ月は静かにしていなければいけないということでしたので、延期してもらいました。

ところが、九月二〇日ごろ、検査では現れなかったのですが、何か脳内に異常が起こったようで、それ以来、物忘れがひどくなりました。その点が大変なのです。声も聞き取りにくいかもしれませんが、お許し下さい。

それでは早速、本題に入っていきたいと思います。

さて、二〇一二年一二月の総選挙で自民党が圧勝し、安倍政権が成立しました。それと同時に、以前の「原子力ムラ」も完全に復活してしまいました。原子力規制委員会の田中俊一委員長、更田豊志委員も原子力ムラに復帰してしまいました。

そもそも、安倍政権の成立と同時に原子力規制委員に就任した東京大学の田中知教授は、日本原子力学会長であり、次の規制委員会の委員長候補でもあります。「学会における原子力ムラの村長」として非常に影響力がある人です。安倍内閣の原子力推進でも旗振り役を担ってきましたし、九州電力の川内原発の運転再開問題でも規制委員会をリードして再開に導いたのでしょう。関西電力の高浜、大飯原発の運転再開問題でも、必ず実現に向けて推進派をリードする人に違いないと思います。

しかし、高浜とか、大飯原発の再稼働は、川内原発の前例は参考にならない。高浜、大飯原発は、関西の人口密集地帯にあまりにも近く、東京電力福島第一原発のような事故が起きれば影響があまりにも大きいからです。福島第一原発事故でも示されましたけれども、原発は地震、津波、火山という日本の自然環境の中では決して共存できないものだと思います。

事故前の福島第一原発の航空写真を見ると、なかなかきれいに見えます。温排水が勢いよく流れていますが、淀川の流量に匹敵するぐらいのものです。

原発を立地する前の敷地の航空写真(一九六〇年頃)を見たとき、敷地の領域が岩盤に見えました。岩盤ならしっかりした地盤なのですが、実際は透水層でガラガラの地層だったのです。しかも、高台は三五メートルの高さがあるわけですが、二五メートル掘り下げて一〇メートルのところに原発を設置した。それが今回の事故の背景になりました。

今日は最初に「福島第一原発事故前史」として、「JCO事故と原子力災害対策特別措置法の制定」についてお話ししたいと思います。続いて、中越地震で被害を受けた柏崎刈羽原発の事故経験が福島第一原発の安全対策の強化につながったことを説明したあと、「福島第一原発事故の現状」について話を進めていきたいと思っています。

JCO事故と原子力災害対策特別措置法の制定

最初に、「福島第一原発事故前史」ですが、JCO事故を覚えていますか。

一九九九年九月三〇日午前一〇時ごろ、茨城県東海村にあるＪＣＯの核燃料加工工場で、二〇パーセントの濃縮ウランを溶解中に「即発臨界事故」が発生し、臨界状態が継続して作業員二人が亡くなりました。規模は小さかったのですが、チェルノブイリ事故と同質のとんでもない事故だったのです。実は、このＪＣＯ事故がなかったら、福島第一原発事故が起きてもたぶん何も対処できなかった。誰も何もすることができなかっただろうと思います。ＪＣＯ事故では、臨界状態が続いたため、周辺では放射線量が高くなると同時に、放射性物質も放出されました。ＪＣＯにより現場付近の線量が計測されましたが、それは公表されませんでした。

当時、原発の安全審査を担当する「原子力安全委員会」の委員長代理だった住田健二・大阪大学教授も午後二時ごろ、現場に到着しましたが、何もしなかった。これは不思議に思えますが、その当時、「原子力事故は起こらない」ことになっていたのです。ですから、事故が起きた時にどう対処するかという法律すらなかったのです。

当時は原子力安全委員会という組織が、原発の安全審査をしていました。安全審査で許可が出れば、原発の建設、運転がＯＫになるわけです。安全審査体制の大元は原子力安全委員会ですから、本来ならば原子力事故に対して責任がある。事故が起こらなければ、それでやってこれたのでしょうが、実際に事故が起きたとき、法律もないので事態に全く対応できなかったのです。

このとき、東海村の村上達也村長だけは独自の判断で、付近一帯の住民を避難させています。ＪＣＯ事故の発生から八時間後、隣接する主要地方道の歩道で測定された放射線量は四ミリシーベルトでした。この線量は、福島第一原発事故の時に、原発施設の正門前で測定した数値に匹敵します。ＪＣ

〇事故によって、原子力事故が起こったとき、日本には事故対応の法律と組織が存在しないことが、誰の目にも明らかになりました。この事故経験を受けて、同年十二月に「原子力災害対策特別措置法」が制定されます。原子力事故が起きたとき、誰が責任者になるのか、誰が住民避難の責任者になるかなどが決められたのです。

福島第一原発事故はその最初の適用でした。この法律があったからこそ、事故後、福島第一原発の吉田昌郎所長（故人）が現場の責任をすべて負うことになり、当時の菅直人首相が住民避難に責任を持つという役割分担ができたのです。この法律が機能したために、住民避難はそれなりに進みましたが、もし法律がなければ誰も何もできない状態でした。

安全対策とその問題点

柏崎刈羽原発は新潟県柏崎市と刈羽村にまたがる東京電力の原発で、沸騰水型の一～七号機があります。七基の合計出力は八二一万キロワットで、一カ所の原発としては世界最大規模を誇っています。二〇〇七年七月に発生した中越沖地震で、柏崎刈羽原発も大きな被害を受けました。地震の影響で原発が停まるという世界で初めての事態に陥り、本館にある対策室の扉が地震の揺れで開閉不能となって、原発の敷地内から外への情報発信ができなかったのです。その経験に基づいた安全対策は、福島第一原発事故の八カ月前に完成しています。

その一つが「免震重要棟」の設置です。これは、免震構造と遮蔽構造を持つ建物で、福島でも事故対応の拠点となりました。もしも、福島第一原発に免震重要棟が完成していなければ、職員は全員強制的に退避となり、四号機もメルトダウンを起こしていたことでしょう。

次に重要なのが、「消火系配水管の多重化」と「消火用水槽の設置」です。柏崎刈羽原発事故では、消火系が動かなくなり、火災が起こっても消せなかった。その教訓で、様ざまなところに貯水槽を設けて耐震性を上げ、どこかが破損しても必ず別のどこかが使えるように対応させたわけです。これによって、福島第一原発でも消防車による消火系配水管から炉心への注水が可能になりました。

これらの対策が、福島第一原発事故でそれぞれ役に立ちまして、曲がりなりにも現状のような事態に到達しているわけです。もし、それらがなければ、米国の原子力規制委員会(NRC)が最初に心配したように「東京も住めなくなる」という事態になっていたでしょう。

しかし、一五メートルの津波の前にはやはりどうしようもなくて、現在のような大きな事故に陥ってしまったわけです。もともと、東北地方は太平洋プレートに起因する巨大地震が頻発する特殊な地域です。福島第一原発はそのような地域の南部に位置しています。しかし、福島第一原発の津波想定にあたっては、「福島の南岸地域における歴史的な記録がない」という理由から、危険性が無視されてきました。実際、二〇〇六年に決められた津波対策は、一九六〇年に地球の反対側のチリ沖で発生した地震に伴う津波五・七メートルに若干の余裕を加えた六・一メートルと評価されていました。これを基準としたことが、津波対策が決定的に不充分になる原因になったのです。

津波対策の議論に関しては、福島第一原発の吉田所長が一九九六年から九九年までの四年間、電気事業連合会(電事連)に出向していて、その中で指導的役割を果たしてきました。東電は、六・一メートルの津波に対応できるように、四・五メートルの高さにあった海水ポンプに防水対策をとっただけ

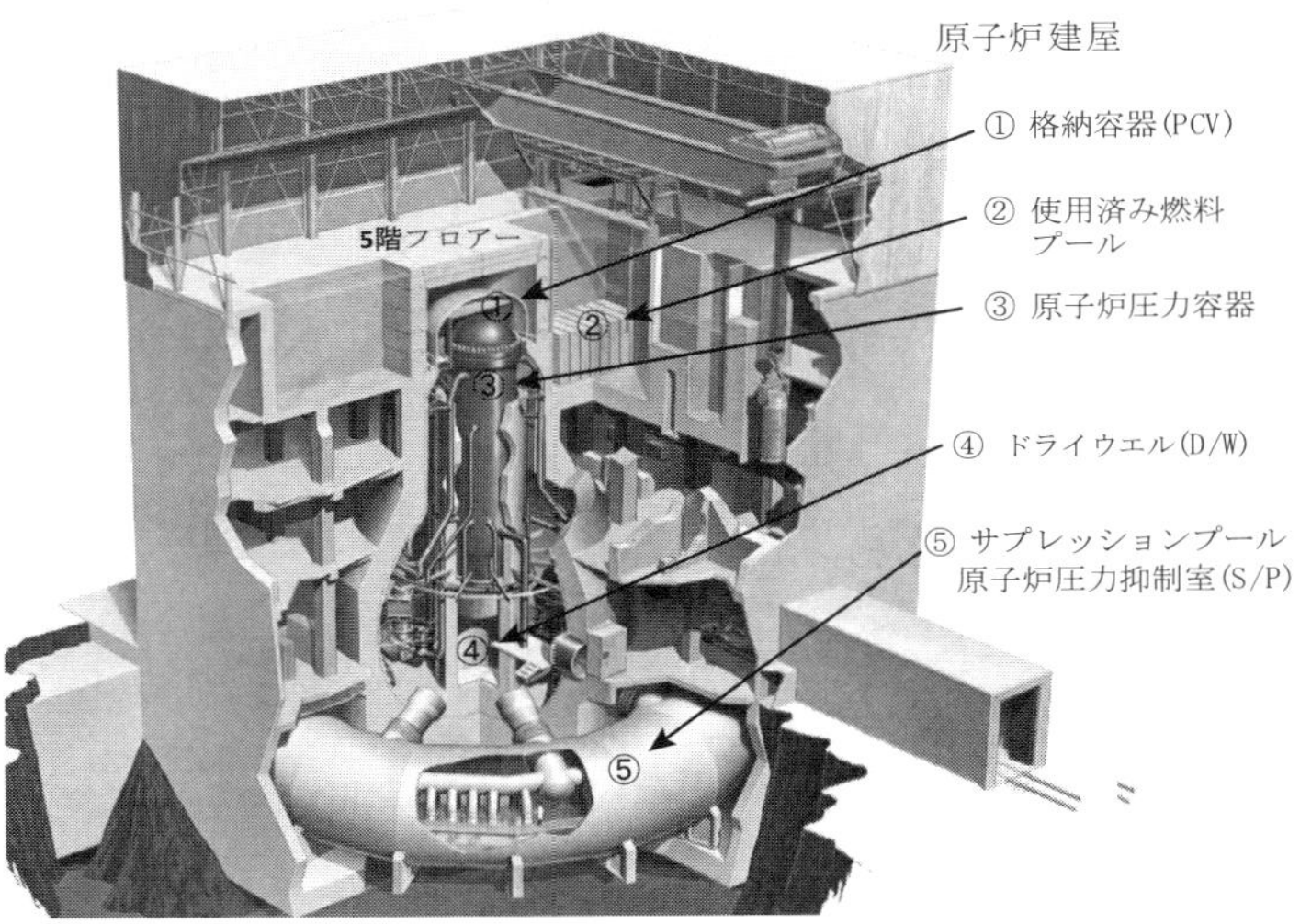

原子炉建屋
① 格納容器(PCV)
② 使用済み燃料プール
③ 原子炉圧力容器
④ ドライウエル(D/W)
⑤ サプレッションプール 原子炉圧力抑制室(S/P)
5階フロアー

マークⅠ沸騰水型原子炉の構造

でした。

そのような状況のもと、二〇一一年三月一一日、福島第一原発は高さ一五メートルの津波に襲われたのです。

福島第一原発事故の現状

ここからは、「福島第一原発の事故の現状と将来」について話をしたいと思います。

これが「マークI型」原子炉の構造です。原子炉建屋の全体ですね。格納容器の中にある、ひょうたん型の形をしたものが「ドライウェル」と言われているもので、その中に原子炉圧力容器が収容されています。

下側のドーナツ状のものが、「サプレッションプール」＝原子炉圧力抑制室と呼ばれるものです。九メートルほどの高さがあります。事故時に沸騰した冷却水が充満してしまうと、格納容器が壊れるので、そういうときに蒸気をサプレッションプールへ導きます。ここには冷却水が真ん中まで入っていて、事故時には原子炉の熱をこちらに導いて冷やすことができるのです。二号機、三号機が事故のとき、こちらに熱を逃がして炉心熔融を遅らせました。

炉心は熔融してしまいましたが、サプレッションプールがなければ、そのまま熔融した燃料が格納容器を突き破って地盤に潜り込んでいった。そういう事態になれば、高レベルの放射性物質が地下水から海へ流れていく事態が起きたと思います。基本的には、福島第一原発の場合はそういう事態は防げた。それは、冷却水注入の手段を多様化するという柏崎刈羽原発事故の教訓が生かされたからです。

格納容器内の原子炉圧力容器は、高さが二二メートル、直径六メートル余りの、非常に大きなものです。炉心は四分の二から四分の三の間にあります。制御棒がぎっしりつまっています。

一号機はGE（ゼネラル・エレクトリック）製で、一九七一年三月に完成しました。日本の企業は関与していません。二〇一一年三月一一日に巨大地震が起きて、一号機ではただちに炉心冷却ができなくなりました。その日の夜半には炉心熔融が起こり、翌一二日の早朝には原子炉圧力容器の底を熔かして格納容器の底へ落ちたと見られています。熔けた燃料は格納容器の下のコンクリートの中に留まっていると推定されています。同じ日の午後三時半に漏れ出した水素が五階部分に溜まりまして、水素爆発を起こしたのです。それで建屋の屋根が吹っ飛んで、現在のような形になってしまった。

一号機が最初に炉心熔融を起こし、完全に熔融しました。ただ、格納容器の気密は四号機までの中で最もよく、熔融炉心放射能の外部への放出も桁違いに少ないと評価されています。そういう意味では、格納容器は四基の原発の中では一番古いのですが、一番しっかりしていたと言えます。

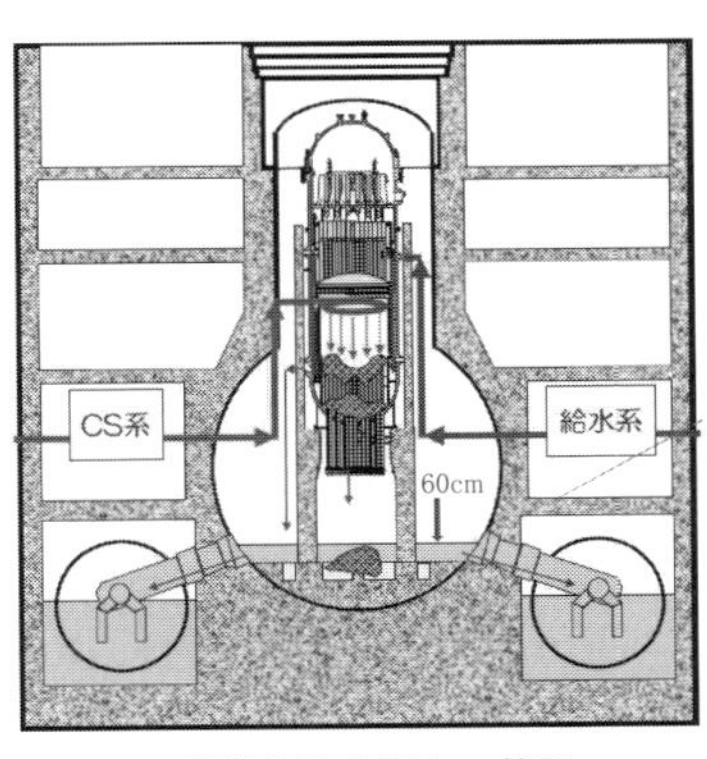

2号機格納容器内の状況

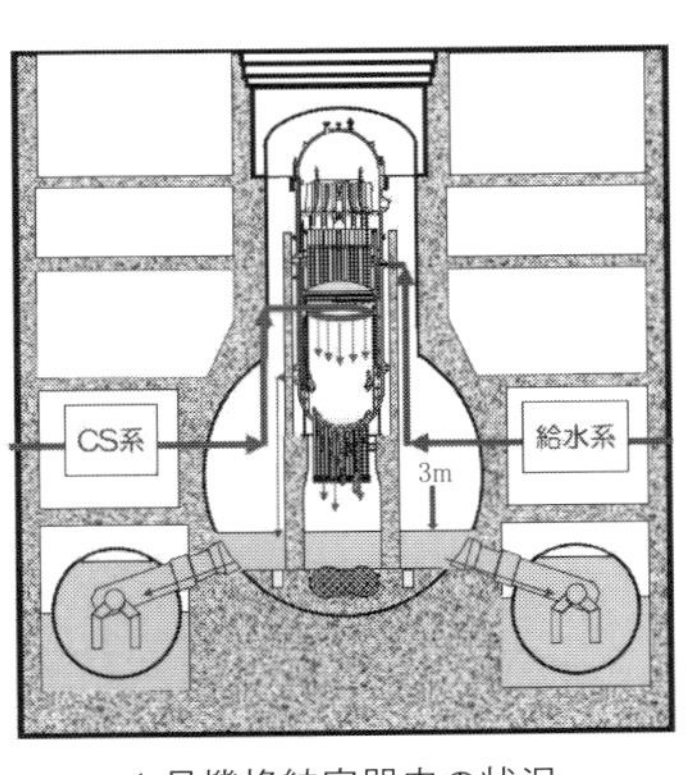

1号機格納容器内の状況

二号機（日立製）では、原子炉隔離時冷却系（ＲＣＩＣ）による炉心冷却が一四日の昼ごろまで継続しましたが、その後、炉心冷却機能を失いました。一五日早朝には、格納容器ドライウェルのサプレッションプールの入口付近で爆発音があり、格納容器の機密性が破壊されました。炉心の冷却が比較的長く続いたため、炉心熔融の程度は最も軽いのですが、様ざまなところで放射性物質が漏れ出て、環境汚染の原因にもなりました。地下室の汚染水がどんどん溜まって非常に大変なことになっていますが、二号機はそのうちの六〇パーセント、七〇パーセントを占めています。残りが三号機。一号機はほとんどないという状況です。

三号機は、東芝が五年半かけて一九七六年三月に完成しました。慎重に時間をかけて造ったのですが、結果的にはＧＥの一号機に負けてしまっている。炉心の大部分は熔融しており、格納容器の下のコンクリートの中に留まっていると見られています。現在の状況は深さ七メートルぐらいまで水がたまっていて、サプレッションプールの水も満杯状態です。一号機から三号機までの格納容器はいずれも破損しています。

破局を救った三、四号機の水素爆発

福島第一原発事故では一号機に続き、三号機、四号機の爆発があり、現場は大変なことになりました。しかし、この三号機、四号機の水素爆発は、その後の原子炉の冷却を可能にしました。むしろ、予期しない〝幸運〟だったともいえます。

事故直後の三月一七日付朝刊で、三号機で蒸気が盛んに吹き出しているという報道がありました。これはどこから出てきたかというと、使用済み燃料プールの冷却水が循環できなくなっていたため、崩壊熱によって水が沸騰して猛烈に蒸気を発生していたのです。

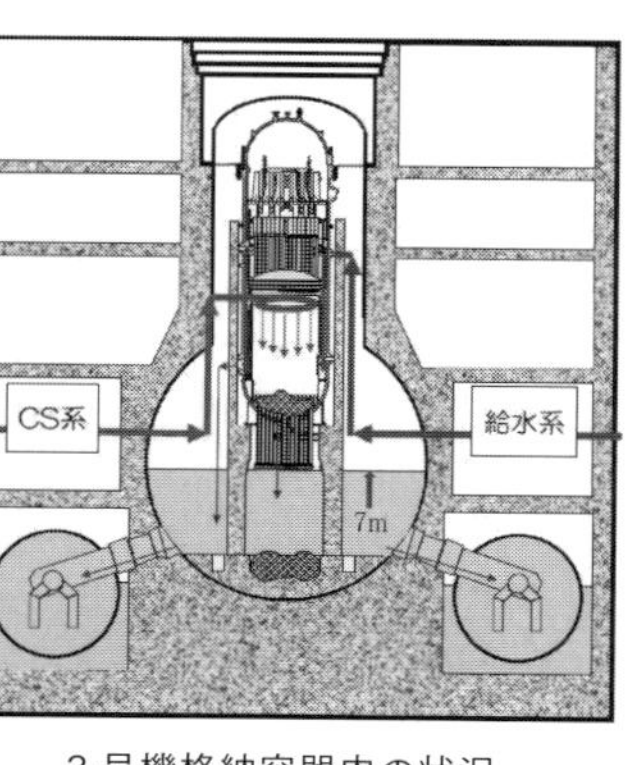

3号機格納容器内の状況

四号機からは、蒸気は出ていなかったのですが、使用済み燃料プール内の冷却水が全部流れていた。それで沸騰していないから蒸気が見えなかっただけなのです。一七日、自衛隊のヘリコプターによる海水の投下が行われましたが、失敗。一八日から高所注水車による注水が可能になりました。それで使用済み燃料プールにどんどん冷却水を送り込み、危機は回避されたのです。

こういう注水ができたのも、三、四号機で水素爆発があり、建屋の屋根を吹き飛ばしたからです。もし屋根があったら、どういうことになっていたか。当時、原子炉建屋の内部は放射線量が高くて、短半減期の放射能がべらぼうに多かった。事故後一週間とか、一カ月たったとしても原子炉建屋内は放射線のレベルが高くて、人が近づけないわけです。屋根があったら注水などの対策は、とてもできなかったでしょう。

大量の核燃料が保管されていた四号機でも、三月二一日ごろには貯蔵核燃料の熔融へと進行し、その後の事故収束作業は不可能になったでしょう。使用済み燃料プールは破損していますから、放射能が漏れ始めると、周囲一帯は立ち入りが不可能になる。近づくことができなくなるから誰も手の打ちようがない。福島県をはじめとした広い地域が廃墟と化す危機的状況が予測されていました。三、四号機の水素爆発によって原子炉建屋が吹き飛ぶなど、それ自体は大変異常なことだったのですが、〝偶然の幸運〟をもたらしたことは不思議なことです。

格納容器の線量の測定結果

二〇一二年三月ごろ、小型カメラを格納容器の外から挿入して内部の状況を見たときの様ざまな測定データがあります。格納容器内の線量測定を見ると、四〇シーベルトから七三シーベルトあり、人間がまったく近づけないレベルの放射線量があることを確認しました。

格納容器内の写真を見ますと、海水とホウ酸水を浴びてボコボコに腐蝕した表面が見えました。もともと格納容器はステンレスでできているもので、通常はサビないのです。そのため、格納容器がいつまで持つかという問題もあります。

ドライウエルは放射能が流れ込む先です。事故時に、原子炉圧力容器から出た放射能は格納容器のドライウェルに流れたあと、圧力抑制室というドーナツ状の円柱の中に流れ込むようになっています。

一号機の圧力抑制室の線量を計ると、上からどんどん数値が大きくなっていきました。中心部分で一〇シーベルト＝一万三〇〇〇ミリシーベルトもあり、一号機の場合、この圧力抑制室に放射能の多くがとどまっていることがわかります。

二号機も同じように測定すると、線量は一番高いところで一三四ミリシーベルト。一号機と比べて一〇〇倍近くも低い。つまり、二号機の場合は、放射能を留めることができなくて全部外に出てしまった。外に出たものは、地下室の汚染水としてタービン建屋の地下室に貯まってしまった。六月二九日ごろ、放射能の中のセシウムを取り除く冷却水の循環系を作りました。二号機、三号機もそうですが、タービン建屋の地下室は外につながっていますので、そのままにしておくと全部海に流れてしまう。それを避けるために循環するシステムが必要になるわけです。放射能を取り除いて、再び入れてやる。そうすれば、海に出るものを著しく減少させることができるのです。

ただ、二号機の場合は、これもほとんど役に立ちようがないわけです。ほとんどが地下室汚染水として出て行ってしまったわけですから。現在も循環冷却系はフィルターで捕集しています。使用済みのフィルターは、福島第一原発の敷地内に全部保管しています。残りの水はタンクに保管していますが、二〇一三年には三〇万トンも超えまして一〇〇〇トン入るタンクが三〇〇基。今は四〇万トンを超える勢いですから、合計で四〇〇基ぐらい並んでいるわけです。その意味では、一号機は最初に炉心熔融を起こしましたけれど、放射能閉じ込めの機能は一番しっかりしていると言えます。

事故直後に三号機を覆っていたガレキは、免震重要棟からテレビ画面を見ながらの遠隔操作で片付けられ、二〇一四年にはすっかり撤去されました。使用済み燃料プールから燃料棒を取り出す作業は、四号機でようやく終了しましたので、三号機の取り出しを始めるための作業が進められています。ただ、三号機の五階部分は放射線量が高いため、その上に新たに六階を増設することになっています。

また、地下水の汚染水がこれまでにどこへ出たかというデータもあり、炉心内増量の四〇パーセントがセシウムに関して出ている。ストロンチウムは資料を評価すると、六パーセントぐらいです。セシウムを取り除くための装置で、これを使って地下室汚染水を処理する。そうすると、放射線量が低い状態――五桁前後減らした状態でタンクに貯蔵できるというシステムです。

今後の事故収束

今後の福島第一原発事故収束作業について、アメリシウム241のために事故収束が非常に困難になることが予測されています。

今は福島第一原発で被曝をもたらす放射能核は、セシウムとプルトニウム238ですが、いまから一〇年後以降の作業現場にはそれらに加え、アメリシウム241が重大な被曝核として登場します。五〇年後以降になると、むしろこちらの方がメインになる可能性が高い。半減期一三年のプルトニウム238がどんどんアメリシウムに変わっていくために、そういうことが起きるのです。

放射性核種の放射能増倍係数というのがあります。一ベクレル当たりの相対的な危険度を表す「マルチプリケーションファクター」というのがありまして、アメリシウム241は、大気汚染ではヨウ素を一としたときの危険度の比例定数が定められています。大気中に放出されたときには八〇〇〇倍、セシウムは四〇倍。福島のような施設汚染の場合、施設の中にあったときの人間に対する影響は、ヨウ素が一で、セシウムが〇・六に対して、アメリシウムは二〇〇〇倍と桁違いです。

福島原発の事故で、今後、懸念される問題は、プルトニウムがアメリシウムに変わっていき、アメリシウムが危険性の主たる要因になる、しかも、圧倒的にアメリシウムの毒性が勝っていくということです。

【質疑応答】

――事故収束の将来についてどのようなイメージをお持ちですか。

結局、格納容器には近づけないわけです。ロボットで映像を撮るなどの調査をしているわけですが、今のままで行けばどうにもならないですね。今の放射能でもどうにもならないのに、これからはアメリシウムが三〇年、五〇年、一〇〇年と増えていくわけです。人間が作ったものは、一般的には五〇年、せいぜい一〇〇年ですから、そういう状況の中で非常に大変だと思います。今のところ、東電もいろいろと手を打っているのでしょうが、具体的な進展は見られません。近づけないのが最大の問題ですね。将来的に熔融炉心を取り出す段階になると、ある程度、近づかなければならない。たとえロボットを使うにしても、作業の際の被曝は大きな問題となるでしょう。

――あれだけの汚染水が出ているのに、海の汚染は大丈夫ですか。

原発に面した海は囲われています。その外側には防潮堤があり、出入り口はありますが、今のところタイトに近い。東電は海に汚染水がでないように厳重に埋め立ててしまっています。ただ、事故後の四月初め、10^6ベクレルもの高濃度の汚染水が直接、流れ出た事故がありました。現在、汚染水のルートは残っているのですが、最終的には東電が埋めて流れないようにすることを考えています。

――北海道の海草などは大丈夫ですか。

福島の汚染水は北海道へは流れて行きません。福島の沿岸部では親潮が北から流れてきて、茨城沖で黒潮と合流して太平洋を回っています。太平洋の海水で薄められているのです。今、魚については四年近くも調査を継続していますから、安全な状態になっています。それでも福島沖の魚は出荷できないことになっています。

――瀬尾さんの思い出についてお聞かせください。

なかなか難しい質問ですね。瀬尾さんは大変な秀才でした。原子核物理系が専門で、研究分野も近かったので、研究面ではいろいろ教えてもらいました。

一番に思い出すことは、一九七八年頃、8ビットパソコンが実用化されたときのことです。我われは核物理的実験をやっていました。ミニコンピューターが千数百万円もする時代で、当時、助手の手の届くものではなかった。8ビットパソコンが実用化したとき、瀬尾さんはプログラム言語をマシン語で組んで、パソコンを物理学研究用に実用化しました。私も彼の手法を取り入れて、研究条件を飛躍的に改善することに成功しました。
多才な人で、ギターが上手でした。

（二〇一四年一一月二九日）

原発事故の災害規模について

――『原発事故……その時、あなたは!』より

瀬尾　健

はじめに〈原発の大事故が起こる確率〉

瀬尾 健

「原発は危険だけれども、エネルギー需要から見てやむをえない」と思ってはいないだろうか。「原発をやめれば慢性的な停電だ」とか、「芋、裸足の生活だ」とか、はては「石器時代に逆戻り」とまで聞かされている。実際、原子力に依存する割合が数十％にも達している現在、これをやめてしまえば大変な電力不足になると思うしかないような状況に、われわれはおかれている。

だが、こういった状況のすべては、国策によって作り出されてきたものだということを、思い起こす必要がある。そしてあらためて、この国策が本当にわれわれとわれわれの子孫にとってベストなものであるのか、というより逆に、取り返しのつかない過ちを犯しつつあるのではないかということを、今、もう一度問い直す必要がある。

原発推進の国策を決定し、推進してきた政府、あるいは政治家達は、実は原発政策を人々に問うて選ばれたわけでは必ずしもない。むしろ、地域の利益誘導に巧みな人々が選ばれ、官僚の作った国策に従うという、典型的な日本型「民主主義」の枠組みの中で、原発も推進されてきたのではなかったか。ここには、原発についての人々の気持ちが正しく反映される余地はほとんどなかった。いや、もっと悪いことには、世論形成の基盤、つまり正しい判断をするための基礎となるべき情報が、人々に十分に知らされていないという問題がある。知らされていないのは、一般の人々だけではない。政治家もである。

二〇年前、原発は絶対安全だと言われていたことを思い出そう。だが、スリーマイル島事故とチェルノブイリ事故を経験した今、それが単なる強弁にすぎなかったことをわれわれは知っている。「安全神話」はすでに崩壊したのだ。だが、崩壊したはずのこの神話は、「ハイテク日本の原発は大事故を起こさない」というふうに形を変えてなおも生き残っている。

チェルノブイリ事故は最大、最悪の事故だと言われている。しかし、原発の最大規模の事故がチェルノブイリさえも凌ぐということを、多くの人は知らない。そのうえ、チェルノブイリ事故による死者がすでに何千人も出ていること、今後予想されるガン死者が何十万人にも上ること、これらのことを承知している人は、いったい何人いるだろうか。

「原発事故がたとえ大惨事をもたらすとしても、めったに起こらないのなら問題ない」と思ってはいないだろうか。「ソ連やアメリカはともかく、ハイテク日本では、大事故の心配はない」と考えていないだろうか。

とは言うものの、具体的にどれくらい大事故が起こりにくいのならいいのかと、正面切って聞かれて、答えられる人はほとんどいない。一基の原発が一年間に大事故を起こす確率が、一〇〇〇分の一(つまり一基の原発は、一〇〇〇年に一回の頻度で大事故を起こす)ならいいのか、二〇〇〇分の一ならいいのか、一万分の一ならいいのか。専門家は、一〇〇万分の一とか一〇〇〇万分の一、はては一億分の一と言っている。

簡単な計算によると、二〇〇〇分の一の確率で大事故が起こったりすれば、それによる物的損害は、発電によって得た利益を何倍も上回ることがわかっている。五〇〇〇分の一から一万分の一ぐらいの確率ならば、やっと利益と損失が釣り合うけれども、死者や障害者など、人的損害まで含めるならば、これよりはるかに確率を低く抑え込む必要がある。

その意味で、専門家が一〇〇万分の一とか一億分の一とか言うことは、原発を推進するための重要な根拠を与えていることになる。

しかし、この小さな確率をそのまま受け入れるわけにはいかない。なぜなら、この数字は実際の経験から得たものではないからだ。巨大な原発システムを細分して、個別に故障確率と失敗確率を決め、これらを組み合わせることによって全体としての大事故確率を計算しているに過ぎない。つまり、一〇〇万分の一とか一億分の一という数字をはじき出した計算手続きそのものは、もっともらしい装いを凝らしているが、しょせんは机上の空論なのである。

例えば一基の原発が一万年に一回事故を起こすとしよう。すると一〇〇基の原発では一〇〇年に一回の割合で事故が起こる勘定になる。現在までの原発運転の実績は、世界全体で、一〇〇基の原発を四〇年くらい運転したことに相当するから、これまでに大事故の起こる確率は四〇%程度であると算定される。ところが現実には、スリーマイルとチェルノブイリの大事故を二つも経験した。つまり二〇〇%である。このことは、原発の大事故は一万年に一回という小さな確率ではなく、それの五倍、つまり二〇〇〇年に一回程度は起こると考えた方が現実的だということを意味する。

一〇〇万年や一億年に一回という机上の空論と、実際の経験と、どちらをとるべきかは論をまたない。

二〇〇〇年に一回の確率でも、被害が小さければ、社会に受け入れられる余地がないわけではない。しかし原発のもたらす大事故の災害規模は、一基のプラントとしては、他を何桁も凌ぐ巨大なものである。これに匹敵するのは戦争くらいしかないとさえ言われている。

本書の目的は、日本の原発にこのような大事故を当てはめてみて、その災害規模がどれほどになるかを具体的に示すことにある。このように災害規模の具体的数値が明らかになってはじめて、原発の是非を客観的に判断する基本的材料を人々が手にしたことになると思うからである。

おわりに〈あってはならないシナリオ〉

カタストローフは＊＊＊＊年四月二六日、夜明けとともに始まった。空はどんよりと曇り、これから始まる不吉な運命を予感させるかのような薄闇が辺りを支配していた。

若狭湾に臨む原発サイトの中はただならぬ気配が漂っていた。警報が頻々と鳴り響き、人々の行き来はいつになく慌ただしかった。午前六時半頃には数度にわたり、建物を震わす轟音とともに激しい蒸気の噴出があった。蒸気が小さな雲を形成し、ゆっくりと南の方に流れていくさまは、まるでまもなく原発格納容器から出てくるおびただしい放射能の、流れていくさきを検分する先遣隊のようであった。

サイト内の喧騒は一層激しくなり、ついに構内にサイレンが響きわたった。時を移さず正門からは次々と自動車がフルスピードで飛び出して行った。原発道路と呼ばれる、ひなびた漁村にはおよそ似つかわしくない、近代的な自動車道路は、信号が赤になる度におびただしい自動車で溢れかえった。

原発の建屋では、何度となく鈍い衝撃音が響き、八時五〇分ついに大音響が巨大な格納容器を震撼させた。格納容器から噴出した膨大な放射能を伴う水蒸気は、ただちに凝縮して雲となった。薄暗がりの中でこの雲は、異様に白々と浮き上がって見えた。青白く輝いて見えるこの禍々しい雲は、これから何千人何万人もの人々を死に追いやる強力な放射能を含んでいたのである。

朝の仕事が始まったばかりの大飯町役場、福井県庁などは、発電所からのとんでもない連絡を受けて大混乱に陥った。すぐに防災対策に取り掛かったものの、もともとこんな大規模かつ緊急を要する防災対策などなかった。せいぜい町内に「原子炉で事故があったこと、若干の汚染の可能性があるので、外に出ないで窓を閉めること、むやみに動き回らず指示があるまで屋内で待機すること」などと、宣伝カーで触れて回るくらいであった。東の方に出かけた消防隊員は四キロほど行ったところで、ガイガー計数器が狂ったように激しく鳴るのに怯えて戻ってきた。だが戻ってきたところも、計数器の鳴りはそれほど低くはならなかった。

見えず、匂わず、味もない放射能雲の本隊は、人々に気付かれることもなくすでに通過していたのである。そして飯盛山を越えて下田、名田庄村を過ぎ、京都との県境に差し掛かっていた。このまま直進すれば京都市に達するのは必至であった。

幸い大飯町の中心部は最大の汚染を免れたものの、そこでも放射線モニターの指示はみるみる上昇し、一時は普段の一万倍にまで達した。それよりも東の、風下直下と思われる鯉川では毎時四〇レントゲン、つまり自然放射線の七〇〇万倍ものすさまじい線量を示していた。これは通過した放射能雲が地面に残していった放射能によるものである。放射能雲の通過中は毎時二〇〇レントゲンを超えたはずだ。

やがて放射能雲の通過地に当たっていた住民、学校の生徒達、農民、会社員などから、吐き気やめまい、息苦しさなど、不調を訴える者が相次ぎ、小さな町の病院はたちまちどこも一杯になった。もしこの大飯町の中心部が風下に当たっていたならば、何千人もの人々がこのような重度の放射線被曝に巻き込まれたはずだ。六から一〇シーベルトもの放射線を受けたこれらの人々は、数週間の内に体中の組織がひからび、激しい苦痛の果てにミイラのようになって死んでしまうのである。

重度の被曝から免れたものの、そのままそこに住み続ければ短期間で致死量を超えるとわかっているような地域の人々を、緊急に避難させる必要があった。だが中央当局の対応は冷酷なものであった。移動禁止、隔離せよというのである。そのためにすでに軍の出動さえ準備されていた。当局は汚染した人々が動き回ることによって、放射能が拡散し、パニックが広がることを極度に恐れていたのである。

一方丹波高地を越えた放射能雲は横幅を広げながら京都市に差し掛かっていた。事故発生以来、すでに一二時間たっていたが、マスコミが大騒ぎするものの大した情報は知らされていなかった。人々は不安の面もちでテレビのニュースにかじり付くばかりであった。ただ万一の場合に備えて、外出しないこと、窓を閉めて外気を遮断すること、ビルの空調を止めること、などの注意が何度も流されるだけであった。大学の放射線関連の研究者達は手持ちのカウンターを窓の外に出して測定を試みたが、五時頃最大値に達したその数値を見て、自分の目を疑った。それは最大、毎時一〇レントゲンを示したのである。彼らは体の奥底から沸き上がって来るおののきを止めることができなかった。

毎時五レントゲン以上の高レベルの放射線量は小一時間続いた。やがてそれは一桁下がったものの、それより低くなる気配はなかった。自然放射線の一〇万倍というすさまじいレベルのまま落ち着いてしまったのである。屋上に臨時に取り付けた空気モニターからの測定値は、すでに放射能雲の本隊が通過したことを示していた。彼らは階下に降りて恐る恐る外に出、辺りの放射線レベルを調べてみた。そしてわかった。地面、建物、樹木などあらゆるものが汚染され、そこからおびただしい放射線が出ていたのである。京都市中心部全域がこれほどの高レベル汚染を被っていることに、突如気付いた彼らは愕然とした。いま危険にさらされている自分自身の命よりも、一〇〇〇年の歴史を刻むこの都の方がまるで大事なものであるかのように。

京都市当局には、市域が被った汚染と線量に関する大まかな情報は知らされていた。だが彼らにはなすすべがなかった。一五〇万人もの京都市民をいったいどこへ避難させられるというのか。これらの情報はすぐには公表しない処置が取られたものの、またたく間に市民の間に広がり全市はパニックに陥った。市内はどこへ行っても毎時〇・五レントゲン以上、ひどいところでは一レントゲンを超えた。

こうして放射能雲の通過した地域においては、原発からの距離に応じた被曝と汚染を受け、それに伴うガンや遺伝障害といった悲惨な将来を約束されたことになる。概算によれば五年間住み続けた場合、ガン死する住民の数は京都市と京北町でほぼ一〇〇％、それより距離が伸びるにしたがって向日市、長岡京市、大山崎町、久御山町、八幡市、宇治市、城陽市、宇治田原町、田辺町、井出町、和束町、精華町、山城町と漸減し、木津町と加茂町の五三%まで、合わせて一八九万人となる。ただしこの数字は汚染食品や汚染水などを摂取しなかった場合のものであって、現実にはもっと多く、おそらくここに挙げた地域の人々はほとんど全員ガン死すると考えるべきなのかも知れない。

京都を後にした放射能雲は、なおも南下して奈良市の中心部を襲った。夜の九時半頃である。奈良市に通じる自動車道路は市を脱出しようとする人々の車で溢れかえっていた。数時間も前からありとあらゆる道路は完全に麻痺していたのである。そしていらだつ人々の間で争いがいたるところで起っていた。放射能雲が奈良市に向かって南進していることを知った人々は、これをやり過ごすためにいち早く東西いずれかに逃げようとしたのである。彼らの大部分は西の大阪方面に進路を取ったがこれは不運であった。というのは、放射能雲が奈良の辺りに来たときに風向きが九〇度変わって東風になったのである。そして大渋滞に巻き込まれて動きの取れない、おびただしい人々をぬって放射能雲は流れ去ったのである。そのときこの恐ろしい雲のまっただ中に自分達がいることを、誰一人として知るものはなかった。

奈良市は大飯の南方九〇キロ、チェルノブイリ原発の場合のキエフ市とほとんど同じ位置関係にある。だが今来襲した放射能雲はキエフの場合より一〇〇〇倍も濃密なものであった。三、四〇キロ四方にも達するこの濃密な放射能の気団は、生駒山をゆっくり越えて大阪平野に入っていった。そして北は枚方市、南は堺市にもおよぶ広大な人口密集地域を舐めつくしたのである。

次の日(二七日)の明け方、放射能雲が神戸の辺りまで達したとき、しばらく無風状態が続いた後、風の向きは逆転して西風となった。かくして大阪平野、そして京都市と奈良市は二度にわたって放射能雲の洗礼を受けることになった。空には相変わらず厚い雲がたれこめ、真昼にもかかわらず日本全体がまるで永遠の夕暮れを迎えたかのようであった。

放射能雲は横幅を広げながら、夜半には北は米原、南は四日市をかすめ、二八日の未明には岐阜市、名古屋市の全域を襲った。さらに雲は東進して、木曽御嶽と南アルプスの山々の雪を汚染し、二九日の明け方には富士の白雪をも放射能で穢した。その日の夜、放射能雲が東京間近にまで迫ったとき、ついに雨が降り始めた。まもなくそれは本降りになり、翌々日の五月一日の夜まで、まる二日間しとしとと降り続いた。雨は雲の中の放射能を洗い落とし、高濃度の放射能雨がメガロポリス東京に未曽有の汚染をもたらしたのである。高濃度の汚染は東京に留まらない。本州全域を濡らしたその雨は浦和、大宮はもちろん前橋、横浜、川崎、千葉、宇都宮、水戸などを含む広大な地域をほぼ一様に汚染したのである。

雨による地面沈着は通常より数十倍も多くなると言われている。今回の場合、一平方メートル当たり一億七〇〇〇万ベクレルもの高水準を示した。その内セシウム１３７は六八〇万ベクレル、この濃度は、旧ソ連政府がチェルノブイリ事故において即時避難の基準とした一平方メートル当たり一四八万ベクレルという、非常に甘い基準を四倍以上も上回る。

こうして東京を中心とする二五〇平方キロもの広大な地域が、人の住めない廃野と化した。もしここに五年間住み続ければ、六〇％もの人々がガン死するほどの汚染を被ったのである。

瀬尾健さんと本書

小出裕章

本書（『原発事故……その時、あなたは！』）は瀬尾健さんの遺作である。瀬尾さんが亡くなってから、もうじき一年を迎えようとしている。

日本での原子力開発は一九五〇年代半ばに始まり、直後から大学に原子核（力）工学科が設置され始めた。その経緯が示すように、原子核（力）工学という学問は原子力開発と深い関係にある。瀬尾さんは京都大学工学部・原子核工学科の出身で、本来の学問的な専攻分野は原子核物理学である。彼はその専攻に没頭することを好んだし、その分野における優れた研究者でもあった。普通、研究者は自らの専門分野に閉じこもることで保身を計る。しかし、瀬尾さんは原子核工学出身の研究者であればこそ、原子力開発の社会的な影響にも無関心でいられなかった。そして彼は、原子力発電所が事故を起こした場合にどのような災害を引き起こすかという問題を、自らの責任として明らかにしようとした。文献を調べ、膨大なコンピュータのプログラムを作成し、そして人並みはずれた頭脳を回転させて、その問題の解明に長年取り組んできた。また、米国スリーマイル島原子力発電所、旧ソ連チェルノブイリ原子力発電所の事故の時には、現地にも足を運んで調査にあたった。彼はそれらの成果を法廷で証言し、大学で講義し、そして市民の勉強会で報告してきた。その集大成が本書である。

日本の原子力を推進している人たちは、日本では原子力発電所の大事故は決して起こらないと、繰り返し宣伝してきた。しかし、原子力発電所は機械である。機械はどんなに注意して作っても、時には壊れる。作る前に何種類かの事故を想定し、その想定した事故に耐えられるように対策を施すのは技術の常道である。そして、事故が予定したとおりに起こってくれ、施した対策が期待したとおりに働いてくれるのであれば、大事故は未然に防がれる。しかし、事故とは予想しなかった形で発生し、予想しなかったように進展するからこそ事故なのである。「後悔先に立たず」とは、昔から大事故のたびに気づかされてきた教訓である。原子力発電所だけは大丈夫だというのは、単なる建前、いいかえれば信仰にすぎない。

当然、原子力発電所を推進している国や電力会社にしても、原子力発電所も大事故を免れえないことを充分に知っていて、あらかじめ対策をとっている。原子力発電所を都会に建てないのもそのためである。また、日本での最初の原子力発電所ができる前、一九六一年に原子力損害賠償法を作ったのも、大事故の発生を否定できなかったからである。その法律には、万一の大事故に備えて電力会社は五〇億円(ほぼ一〇年ごとに改訂され、現在は三〇〇〇億円)分の賠償金を保険で準備しておくこと、それを超える被害が生じた場合には国が国会の議決を経て対処する旨が記されている。電力会社にとって五〇億円や三〇〇〇億円なら軽い出費であろう。逆にいうならば、そのような法律で保護されてはじめて、電力会社が原子力発電に手を染めることが可能になったのである。その上、この法律には大事故の原因が「異常に巨大な天災地変又は社会的動乱」である場合には、電力会社はもともと賠償責任を負わないと書かれている。阪神大震災の被害はいま現在続いているが、「異常に巨大な地震」によって原子力発電所が大災害を引き起こしたとしても、電力会社は何の責も負わないですむのである。まことに良くできた仕組みである。

では、原子力発電所が大事故を起こした場合、一体どのような災害が引き起こされるのか。これまで、国や電力会社はそのことに関する知識を故意に隠してきたし、大災害になった場合、どのようにして自らの身を守るかについても、知識は与えられてこなかった。避難訓練などすれば、原子力発電所に対する国民の不信を呼び起こすだけだというのが、国と電力会社の姿勢なのである。残念ながら、私たちは私たち自身で身を守る以外にない。本書は、そのための基礎知識、予想される大事故の具体的な姿、そして具体的な身の守り方、さらには日本各地の個々の原子力発電所について災害の及ぶ範囲などを、懇切丁寧に書き起こしたものである。今後、私たちが何年間原子力とつきあわねばならないのか分からないが、私たちが原子力を利用するかぎり、本書は決定的に重要な役割を担うであろう。

私が瀬尾さんと会ったのは、いまから二一年ほど前、私が現在の職場、京都大学原子炉実験所に職を得たときであった。昨年六月ついに彼と別れるまで、およそ二〇年に及ぶつきあいであった。彼と私はたまたま研究室が隣り合っていて、よく彼はコーヒーカップを片手にひょっこりと私の部屋にやってきた。昨年のはじめ、彼が「このごろ、咳が止まらないで、しんどいんだ」と私に言うようになった。「瀬尾さんももう歳だからな」と私は彼をからかった。そんなやりとりがしばらく続いていたうちはよかった。三月に入って胸のX線写真をとって以降、事態の進展は急であった。精密検査ごとに明らかになってきた病魔の姿は、ついに四月はじめになって確定診断として本人に告知された。悪性の肺ガンで末期の状態、余命はおそらく三カ月。

それでも瀬尾さんは少しも明るさを失わなかった。以前から、私は原子力発電所の災害評価についてよく彼と話をし、本書の原稿を読み、コンピュータ解析についても作業につきあった。そして、次第に病状が明らかになってくる中で、瀬尾さんはほとんど完成していた本書の原稿、図表などをひょいと私に渡した。そして、彼の闘病生活が始まった。当初入院していた病院では、抗ガン剤や放射線による治療をしたところで、半年の余命が一年になる程度と主治医から知らされた。彼は従来から多彩な知識の持ち主であったが、ここぞとばかりに漢方による治療を選び、退院して自宅での闘病生活を始めた。

病床でも本書の執筆作業は続いた。出版社や仲間からのコメントを受け、そのまま出版しても優れた本になったであろう原稿に、さらなる推敲を重ねた。はじめは病院のベッドでペンを持ち、家に戻った当初は居間のソファーで愛用のノートパソコンに向かい、病状が進んでからは布団の横でパソコンを打った。それすらできなくなってからは、打ち出した原稿に赤字で推敲を加えた。いまその推敲の過程を見ても、瀬尾さんの頭脳の明晰さ、一寸(ちょっと)でもわかりやすい本を作りたいという並々ならぬ決意が伝わってくる。

瀬尾さんは、生き抜くとの強い意志を保ち続けることで肉体の持つ免疫機能を昂進し、ガンに対抗しようとした。それでも、容赦のない病魔は次第に彼の肉体をむしばんだ。しかし、瀬尾さんは強靱な精神力を最後まで失わなかった。襲いくるガンに抗して、グチひとつこぼさず、きちんと漢方薬を飲み続け、飲み下すのが困難になってもなおそれを飲み下そうとした。そして、自ら薬を飲み下せないことが分かったときに、彼はそれ以降いっさいのものを受けつけずに、死に臨んだという。生あるものは、いずれ死ぬ。いかなる生命も逃れられない宿命に、瀬尾さんは最後まで自らの意志で生き抜き、おそらく、その宿命を淡々と受け入れて逝ったのだと私は思う。お連れ合いである赫子さんが葬儀の挨拶で、「出会ってからずっと、まっすぐで純真な人だった」と瀬尾さんを評した時、私は危うく涙を落とすところであった。優れた人であった。私にとっても、かけがえのない人であった。本書は、その瀬尾さんが渾身の力を込めて書き遺した、文字どおりのライフワークである。彼の遺志が多くの人の心を打つことを願って、瀬尾さんとの別れとしたい。（後略）

（一九九五年六月）

（以上転載）

福島第一原発事故を見ずに逝った瀬尾さん

小出裕章

二〇一一年三月一一日に福島第一原子力発電所の事故は起きた。本書は、その事故後に「新聞うずみ火」が熊取六人組のメンバーを招いて開いた講演会の記録である。しかし、メンバーの一人であった瀬尾健さんは、福島第一原発事故が起きる前、一九九四年にすでに亡くなっていた。そのため、本書には、瀬尾さんの講演録を載せることはできず、その代わりに、彼の遺作となった『原発事故、その時、あなたは!』(風媒社、一九九五年)から、瀬尾さん自身の手による「はじめに」と「おわりに」、そして、その本の解題として私が書いた「瀬尾健さんと本書」を適宜手を加えて掲載した。瀬尾さんの問題意識は「はじめに」に明確に記されているし、彼が「科学者」の責任として引き受けた仕事の帰結は、日本で起きる原発の破局的事故の様子として、SFが好きだった瀬尾さんらしい筆で「おわりに」に書き記されている。それを読めば、福島第一原発事故は、まさに瀬尾さんが予測していた通りの事故だったことが分かる。

原発を進めてきた人たちは、原発に関しては厳重な安全審査をして安全性を確認しているので、大きな事故は決して起きないと言ってきた。しかし一九七九年には米国スリーマイル島原発で、一九八六年には旧ソ連チェルノブイリ原発で大きな事故が起きた。

スリーマイル島原発事故が起きた時、発電所や米国の公式機関は、事故で環境に放出された放射性物質の量は少ないし、住民の被害もないと主張した。しかし、彼らが発表した数値があまりにも小さな値だったので、瀬尾さんは真実を知るために仕事を始めた。発電所内部のデータや、公式機関のデータなどを集めて、緻密な考察を進め、例えば環境に放出されたヨウ素の量が最低でも四〇〇倍高いことを示した。また、チェルノブイリ原発の事故では、数十万人の人が故郷を追われて流浪化したし、数百万人の人が本来なら放射線管理区域にしなければならない放射能汚染地に棄てられた。チェルノブイリ事故の後、瀬尾さんは、その事故が環境に放出した放射性物質の量を評価する仕事に取りかかった。そして、六人組メンバーの今中さんと一緒に現地に行き、データを集めた。その時の旅について瀬尾さんが書き止めた文章は『チェルノブイリ旅日記』(風媒社、一九九二年)として出版された。その中で、瀬尾さんはチェルノブイリ事故を防げなかったことについて以下のように記している。

今中が作業している間、ふと北の方に目をやると、草の間から鉄条網の柵が見えた。近づいてみるとそこに小さな白い立て札があり、立入禁止と書いてあった。この有刺鉄線の柵は、総延長二〇〇キロにもわたってえんえんと高濃度汚染地帯を取り巻いているのだ。

僕はその柵の脇に立って遙か彼方を見やった。灰色の空の下に広大な草地が何処までも広がっている。地平線の辺りに右手から伸びた薄い線が途切れているのは、おそらく森がそこで終わっているのであろう。向こう側の有刺鉄線柵はここから六〇キロ彼方、ここが京都だとすれば向こうは実に神戸辺りになるのだ。

僕はぼんやりと遙か彼方を見ながら、昨日キエフ小児産婦人科研究所で聞いた話を思い出していた。この肥沃な地域には、チェルノブイリやプリピャチなど七〇もの町や村があり、一三万五千人の人々が平和な生活を営んでいた。それがたった一基の原発の爆発で、一帯が汚染され、ひどい被曝をこうむり、着のみ着のままで外に追い出されたのだ。……とうとうやってしまったのだ。あれほど危険だと訴えていたのに……いったん事故が起これば大惨事になると、口が酸っぱくなるほど……。僕はこのことを訴え続けてきたこれまでの自分の十数年が、急に虚ろなものになって行くのを感じた。藤田さん(伊方訴訟の住民側弁護団長)は、われわれの力が至らなかったと新聞でいっていたな……それはそうかも知れない……だけど、ここはソ連なのだ、ソ連の原発にまで手がまわるわけがない……いや、それは言い訳に過ぎぬ……現に日本の原発は、大事故と背中合わせで、今でも悠々と運転し続けているではないか……この事故の責任を「科学者」はどう取るのかと誰かが言っていたな……少なくとも僕には責任はないぞ……いや、原発は今の科学と技術が生み出したものだ。それで飯を食っている自分は、やはり完全に免責されるわけにはいかない……一般の人たちは、まず「科学者」に責任を全部おっかぶせることができる……そういう問題の立て方をしても誰も怪しまない……われわれはどうすればいいんだ……僕は少なくともやるべきことはやってきた……十分ではなかったかも知れないが……ここにこうして立っているのも、その軌跡の一つなのだ……しかし……

瀬尾さんも含め六人組メンバーは、日本の原発でもいつか大事故が起こるかもしれないと考え、そんな事故が起きる前に原発を廃絶しようとして活動してきた。しかし、福島第一原発の事故は事実として起きた。すでに事故から五年以上の歳月が流れたが、突然生活を根こそぎ破壊されて流浪化した十万人を超える人々の苦難は未だに解消されていない。東北地方、関東地方のおよそ一万四千平方キロメートルに及ぶ地域が「放射線管理区域」に指定しなければいけない汚染を受けたが、日本の国は原子力緊急事態宣言を発令し、その汚染地に赤ん坊を含めて人々を棄てた。今現在も数百万人の人々が被曝の恐れにおびえながら汚染地で暮らさざるを得ない状態が続いている。それにも拘らず、この事故を引き起こしたことに責任のある人々、東京電力の首脳、歴代の自民党首脳、通産省、経産省の官僚、原子力委員会、原子力安全委員会、原子力規制委員会の学者、マスコミ、裁判所など、誰一人として処罰されていない。それどころか、誰一人として自分に責任があることを認め、その責任を取ろうとすらしない。

私自身は原子力の旗は決して振らなかった。それでも、福島第一原発事故を防げなかったことの責任を、原子力に関連する科学の場にいた人間として痛感する。一般の人々、特に若い人たちに対して大変申し訳ないことと思う。いったい何のために私は生きてきたのかと、自分の非力さを悲しくも思う。もし、瀬尾さんが生きて福島第一原発事故を迎えたとすれば、それを防ぐことができなかったことについて、彼は自らの責任の重さを厳しく問うただろう。瀬尾さんの悲しみがどれほど深いものになったかを思うと、その事故を見る前に彼が亡くなっていたことは、彼にとっては幸せだったかもしれない。

もし瀬尾さんが、今、生きてくれているとすれば、彼がスリーマイル島原発事故、そしてチェルノブイリ原発事故の時にしたように、福島第一原発事故の原因調査、各地の汚染調査、さらには放出された放射性物質の総量評価に、たぐいまれな彼の能力を活かして活躍してくれたであろう。瀬尾さんは原子力発電という技術とはほとんど関係のない核物理学の分野での優れた研究者であった。それでも、彼は自らが「科学者」として引き受けざるを得ない責任を自覚し、原発事故の災害評価プログラムも作りあげて行ってくれた。その彼の仕事は、これまでも、そしてこれからも住民たちの武器となって生き続けるであろう。そして、原発がひとたび事故を起こせば、その被害が破局的にならざるを得ず、原発は即刻廃絶すべきものであるとの警告として、彼の仕事は生き続ける。瀬尾さんが亡くなった時に、お連れ合いの赫子さんは、「出会ってからずっと、まっすぐで純粋な人だった」と瀬尾さんを評した。まだ生き延びている六人組メンバーの一人として、その瀬尾さんの遺志を少しでも引き継げるように生きたいと私は思う。

（二〇一六年四月）

今中哲二　1950年広島市生まれ．大阪大学工学部原子力工学科卒，東京工業大学大学院修士課程修了(原子核工学)．1976年京都大学原子炉実験所助手，助教を経て2016年定年退職．現在，同実験所非常勤研究員．専門は原子力工学，環境影響評価．

海老澤 徹　1939年川崎市生まれ．京都大学理学部物理学科卒業．1964年京都大学原子炉実験所助手，助教授を経て2002年定年退職．専門は中性子物理．

川野眞治　1942年大分県中津市生まれ．京都大学理学部化学科卒業，同大学院博士課程修了(固体化学)．1969年京都大学原子炉実験所助手，助教授を経て2005年定年退職．現在，桃山学院大学総合人間学ゲスト講師．専門は中性子物理，構造解析．

小林圭二　1939年中国・大連市生まれ．京都大学工学部原子核工学科卒．1964年京都大学原子炉実験所助手，講師を経て2003年定年退職．専門は原子炉物理．

小出裕章　1949年東京生まれ．東北大学工学部原子核工学科卒，同大学院修士課程修了．1974年京都大学原子炉実験所助手，助教を経て，2015年定年退職．専門は放射線計測，原子力安全．

瀬尾 健　1940年神戸市生まれ．1964年京都大学工学部原子核工学科卒，同大学院修士課程修了．1966年京都大学原子炉実験所助手．1994年逝去．

「新聞うずみ火」連続講演 熊取六人組 原発事故を斬る

2016年 9月28日　第1刷発行

著　者　今中哲二(いまなかてつじ)　海老澤 徹(えびさわとおる)　川野眞治(かわのしんじ)
　　　　小出裕章(こいでひろあき)　小林圭二(こばやしけいじ)　瀬尾 健(せおたけし)

発行者　岡本 厚

発行所　株式会社 岩波書店
〒101-8002 東京都千代田区一ツ橋2-5-5
電話案内 03-5210-4000
http://www.iwanami.co.jp/

印刷・精興社　製本・牧製本

ISBN978-4-00-022639-4　Printed in Japan